U0017975

客戶策略完全成功手冊

Passionate and Profitable:
Why Customer Strategies Fall and
Ten Steps to Do Them Right

不能不知的十大致命迷思與十大關鍵抉擇

Lior Arussy◎著　劉麗真◎譯

Passionate and Profitable : Why Customer Strategies Fall and Ten Steps to Do Them Right
Copyright © 2005 by Lior Arussy
Chinese translation Copyright © 2008 by Faces Publications, a division of Cité Publishing Ltd.
All Rights Reserved. Authorized translation from the English language
edition published by John Wiley & Sons, Inc.

企畫叢書 FP2182

客戶策略完全成功手冊

不能不知的十大致命迷思與十大關鍵抉擇

作　　　者	Lior Arussy	
譯　　　者	劉麗真	
副 總 編 輯	劉麗真	
主　　　編	陳逸瑛、顧立平	
特 約 編 輯	陳錦輝	

發 行 人　　涂玉雲
出　　版　　臉譜出版
　　　　　　城邦文化事業股份有限公司
　　　　　　台北市中正區信義路二段213號11樓
　　　　　　電話：886-2-23560933　傳真：886-2-23419100
發　　行　　英屬蓋曼群島商家庭傳媒股份有限公司城邦分公司
　　　　　　台北市中山區民生東路二段141號2樓
　　　　　　客服服務專線：886-2-25007718；25007719
　　　　　　24小時傳真專線：886-2-25001990；25001991
　　　　　　服務時間：週一至週五上午09:00~12:00；下午13:00~17:00
　　　　　　劃撥帳號：19863813　戶名：書虫股份有限公司
　　　　　　讀者服務信箱：service@readingclub.com.tw
香港發行所　城邦（香港）出版集團有限公司
　　　　　　香港灣仔軒尼詩道235號3樓
　　　　　　電話：852-25086231　傳真：852-25789337
　　　　　　E-mail：hkcite@biznetvigator.com
馬新發行所　城邦（馬新）出版集團 Cité (M) Sdn. Bhd. (458372 U)
　　　　　　11, Jalan 30D/146, Desa Tasik, Sungai Besi, 57000 Kuala Lumpur, Malaysia
　　　　　　電話：603-90563833　傳真：603-90562833
初 版 一 刷　2008年9月16日

城邦讀書花園
www.cite.com.tw

定價：300元
（本書如有缺頁、破損、倒裝、請寄回更換）

謹獻給我所有的客戶
你們是我最好的導師

目　錄

誌謝 / 009

導言：客戶策略的十大致命錯誤 / 011

1　致命錯誤如何要了企業的命 / 019
致命錯誤一：求新的文化 / 致命錯誤二：擦了口紅的豬 / 致命錯誤三：熱情流失 / 致命錯誤四：降低成本的真正成本 / 致命錯誤五：無法運作 / 致命錯誤六：種什麼瓜得什麼果 / 致命錯誤七：變革管理 / 致命錯誤八：缺乏領導者 / 致命錯誤九：關係管理缺乏規畫 / 致命錯誤十：科技捷徑 / 只有百分之百的承諾

2　重大抉擇一：我們是誰？取悅客戶者或追逐效率者？ / 031
會錯意又表錯情的關係 / 意圖與執行間的鴻溝 / 效率化的代價 / 企業—客戶經驗性向調查

3　重大抉擇二：對我們而言客戶是什麼角色？ / 047
與生俱來的衝突 / 效率化關係弔詭症候群 / 站在十字路口的企業 / 什麼樣的客戶：難度第二高的抉擇 / 是超越等值線的時候了：新4P

4　重大抉擇三：何者定義了我們的總體經驗？ / 065
客戶策略及客戶經驗管理的藝術 / 經驗迷思的解碼 / 感性的客戶 /

你要的是哪一種經驗：四個選項／客戶經驗分析／客戶經驗對照／
經驗再造原則／權力移轉：轉換大不易／什麼是你的核心經驗？

5　**重大抉擇四：我們應該放棄哪些客戶？** / 097
客戶篩選原則／想要和不想要的客戶特性／客戶角色：關係的藍
圖／客戶職掌：讓他幫你工作／企業職掌：你的承諾

6　**重大抉擇五：我們尋求何種關係？** / 115
共生 vs 競爭：客戶—企業關係／客戶需求關係的要素／不同的
人要有不同的關係管理／客戶分類準則／量身訂做的客戶經驗

7　**重大抉擇六：如何避開密室客戶陷阱？如何認定完整的
客戶責任？** / 141
接觸點全面管理／接觸點分析對照／別當工具偏執狂／組織至上
型客戶／客戶至上型組織／集大成者賺大錢

8　**重大抉擇七：我們雇用的是功能性機器人還是熱情的傳
道者？** / 157
關鍵在態度，而非技術／員工經驗：從客戶經驗的角度出發／員
工忠誠度帶來客戶忠誠度／你的員工為了什麼而工作？／再造員
工經驗／員工經驗再造指導原則／對狗用訓練，對人用教育／討
好員工：他們也是人／薪資：追逐錢的蹤跡

9　**重大抉擇八：售後對話與服務——我們真的在乎嗎？** / 183
惡行一：求新的文化／惡行二：吃定客戶／提供真實經驗與關
係：四大關鍵檢視點／必備工具上場／超級無敵的完整關係戶頭
／讓價值看得見／卓越的文化

10 重大抉擇九：我們的評量方法如何描述自身？ / 213

行動，讓客戶認真以待 / 評量成功：客戶風格 / 評量準則 / 確認
企業驅動力 / 無法評量的最重要資產 / 滋養勝於管理

11 重大抉擇十：我們多久哺育我們的產品一次？ / 227

千篇一律讓人厭煩 / 成功帶來自滿 / 創新羅盤：遠觀與近觀

12 最後抉擇：客戶策略——一生的共同承諾 / 239

停止說、開始做 / 全視野打造成功的客戶策略 / 組織內部的承諾
/ 透過美好經驗改變成規 / 經驗建立起難以撼動的市場領導地位
/ 員工經驗：客戶經驗的催化劑 / 永不止息的約會

附錄：致明智客戶的一封公開信 / 251

誌謝

回顧自身的工作經歷，我碰到過的許多個案，有的成功，有的失敗。本書謹獻給那些勇於且樂於分享其經驗的客戶，我們的感激筆墨難以形容。由於人數眾多不及備載，不過我想強調的是，本書得以問世，他們貢獻匪淺。

特別感謝Bill Wear，他是個可靠的顧問、盡職的編輯和忠誠的朋友。感謝Wiley出版社的夥伴——Jackie Smith, Sheck Cho, Colleen Scollans, Rose Sullivan, Natasha Andrews, Petrina Kulek以及Diana Hawthorne——促成此書的面市；沒有你們，我難以完成使命。

感謝我的家人，接納、支持我所熱中的事業。對你們的感激難以言喻。我愛你們。感謝上蒼。

PASSIONATE

導言

客戶策略的
十大致命錯誤

PROFITABLE

&

業績告捷是一件再直接不過的事：以客為尊，讓他們享有超乎期待的購買經驗，他們就會以持續回購及較長期的忠誠度回報你。

這看起來是個眾人皆知的原則。然而，現在似乎比以前更難讓客戶保有忠誠度、締造更佳的業績數字。

原因在於我們並非總是按照我們**知道**的**做**，或者根本搞不清楚應該怎麼做才能達到目的。歷經數年的研究與諮商，我發現大多數的企業並不清楚怎麼根據他們的**認知做**。「我們對客戶的承諾重於一切」或「客戶是我們的衣食父母」這些口號，普見於許多企業的牆壁上，不過，從企業運作的角度來看，它到底代表了什麼？我們怎麼把這些華麗詞藻化為實際行動？

許多企業會說「客戶永遠是對的」。但我們是否真的關愛我們的客戶並且努力取悅他們？或者他們不過是我們賺錢的管道罷了？我們對於讓顧客滿意是否念茲在茲？或者覺得客戶根本是個負擔？要不是因為我們並非含著金湯匙出生，也沒中樂透，誰有這個閒工夫？問問自己：如果你已經坐擁需要的財富，那麼，每天是否還會為了幫大家解決問題的使命而振奮不已？

本書談的是為客戶做抉擇，做一個超越膚淺口號的抉擇，並選擇一個具有執行力的行動方案。我們的經驗是，即使企業把客戶計畫的焦點放在交叉銷售及忠誠度上，並不代表已觸及這個議題的本質。他們在價值主張——他們全部的客戶經驗——上出了錯。本書論及的重要原則之一就是：**能夠聚集並成就價值主張者，得以留住財神爺**。某些公司因為對客戶傳遞出完整、清晰、強力的價值主張，而擁有較高的超額利潤。可惜，大多數企業都是要客戶自行發現產品和服務的價值，回報自然不佳。

真正的錢，無論是在任何情況之下，都並非存在於傳統的

4P中：Product（產品）、Pricing（價格）、Placement（通路）、Promotion（促銷）。產品的光芒不會**真的**促使大家跑來敲你的大門；你可以創造產品的光芒，卻不表示客戶會為了那光芒，千里迢迢前來丟下20美元。其實，自有品牌的興起，已導致產品區隔化的議題尤甚於任何時期。另一方面，價格吸引力也無法驅使客戶動身，尤其在網路購物以最低價為訴求的環境下，根本難以與網路零售商競爭。同樣地，在高流量通路上的銷售陳列花招，也招徠不了客戶；促銷活動則已氾濫成災。客戶有太多選擇，讓你的超額空間愈來愈薄。想贏得客戶的忠誠度，創造一個對你的產品狂熱不已的客戶群，你就得創造一種完整的經驗，一種令人驚喜震撼的經驗——也就是一種價值主張。

本書會詳述企業盡心服務客戶時必須做的重大抉擇與妥協。想優游於客戶之間，就像你們公司由一個充滿熱情的企業家建立的草創期一樣，都得做些策略性決定。這些棘手卻必要的抉擇就是本書的要點。事實上，本書的論點在於這些抉擇其實正是客戶關係的核心：對客戶關係缺乏承諾的企業留不住客戶；而許下承諾的企業卻又老是追著需求跑。這些承諾不能只是裝腔作勢或為了季底報表而急就章，應該是一種自然形成的長期關係。

在談論這些抉擇之前，不妨先回顧一下產業現況，以及企業在日常運作的客戶關係上所犯的致命錯誤。

「立意良善」的墳墓

我們先談談企業肯定**不缺**的東西。企業不缺意圖（intention）或進取心（initiative）。在企業的世界裡，與客戶相關的行為都被歸類為「進取心」、「專案」或「活動」；它們為時甚短，從

來不會被視為一套完整的運作策略。客戶箴言錄向來都列在備忘錄和企業宣言的最上面，也會大量印製在T恤、贈品上，載有箴言錄的海報則貼滿企業總部與分公司的各個角落。

企業也不缺絕佳標語。從「多付出一分」到「以客為尊、面面俱到」，企業把他們的理念詳載於手冊、簡介和廣告上，滿心以為他們只要在以自我為中心的組織裡，滴上幾滴客戶調味料就大功告成了。結果呢？根本行不通。

意圖與進取心不勝枚舉，永續成功者卻鳳毛麟角。漂亮的口號唾手可得，真正難的是當你被迫在效率與客戶忠誠度兩者之間擇一時，還能夠貫徹並執行口號。大多數企業都以為似乎光靠意圖與短期的進取心就能攀登成功頂峰。

這個問題明顯地反映在公司預算上。把重大資源與心力分配給與客戶相關的環節，但長期成效卻不彰。數十年來，企業不斷吟頌真經，說他們傾聽客戶的聲音、產製客戶想要的東西。商業書籍、大師和教授歷年來也不斷傳授著這樣的訊息。隨便選個週末，幾乎在全國任何一座高爾夫球場都可以聽到有四到五組的對話是「你必須給客戶他們想要的！」我沒聽過有哪家企業不自稱把客戶擺在第一位的。然而，撇開這些夸夸言詞，能建立起牢不可破且有利可圖的客戶關係，又得以享有長期成功的公司卻少之又少。為什麼要實現一個原則上看起來如此簡單的事竟會如此困難？這正是每一家企業都需要面對的客戶管理難題的核心。

找到並保有一名客戶，是經年累月的任務，每一家企業都宣稱自己對此任務有百分百的承諾，孰料客戶關係與客戶忠誠度卻是每下愈況。就算幾年來不斷砸大錢在客戶關係活動及各項與客戶相關的議題上，卻僅有極少數的公司能夠打造出長期關係。當然了，因為沒幾家公司擁有真正**有效的**客戶關係藍圖；資料都蒐

集來了，卻不曾組合、儲存、管理或繪圖分析，或對客戶進行分類。因此，企業多半不了解自己的客戶。假如你想更新產品，怎麼辦？你知道用舊版本的是哪些人嗎？你知道哪些人已經不用你的產品，不過還是繼續支付維護費用，只是因為這樣比較省事，每個月花一點小錢可以讓你幾年來都不會去騷擾他們嗎？

由此可看出一件有趣的事：客戶維護專案不可或缺且確實有用，只不過執行上有差池，或做得不夠完善，所以效益不彰。根據研究機構嘉德集團（Gartner Group）的資料顯示，截至2007年，現行客戶專案中只有50%稱得上成功。此一比例低到令人無法接受，在很多情況下，這種機率會讓企業決定放棄原定執行的專案。史崔帝維提機構（Strativity Group）的研究也指出，45%的受訪領導階層不認為自己能夠贏得客戶的忠誠度。為什麼這麼多公司在本應是首要任務的議題上栽了跟斗？怎麼可能在花了大把銀子之後，在贏得和保有客戶的成績上還是如此不堪？何以在做了這麼多投資後，企業仍然無法吸引和贏得客戶的心（當然，還有他們的一部分預算）？究竟是什麼原因，即使我們展現了那麼多的情感訴求，似乎還是沒辦法讓我們的目標客戶愛上我們的產品、服務及公司？

「我會在兩點整的時候，親吻你整整三秒鐘。」

許多公司聚焦於一種自我認知良好、高效率、業務考量的方法，而非發展實質關係所需的一種善體人意、長期灌溉的做法。容我引用一本暢銷書的說法，假如客戶來自金星，那麼企業就是住在火星（或甚至冥王星！），妄想以極少的投資與情感連結來追求一種快速回報。這些企業並未做出重大必要的抉擇，以促成一種實質、長期的關係，一種需要因時制宜的關係。（作者註：

此非暗示必須不斷提供改善品質的額外方案。）時至今日，這些企業仍然試圖援用他們自己以效率為基準的觀點，尋求他們定義中的客戶關係。就像以自我為中心的單身漢一樣，他們滿心以為光憑一些表面功夫，就能夠建立起一種真正、長久的關係。

足以說明效率出岔的最佳例子是組織圖。許多公司的組織配置是以專業為基礎，而非從對客戶的價值角度出發，因此每個部門的功能都僅限於企業經營上的某個專業領域，其他的領域就不干我的事。員工聚焦於他們專精的責任範圍，屬於程序和流程的一部分，導致客戶成為公司政策下的附屬品。他們會說：「我只負責左鼻腔，其他部分是別人的責任區。」或「我的職責只限於右耳的上半部，其他不歸我管。」以專業為基準的組織圖，會形成密室效應，每個功能的族群保護著自己的領土和時間表，客戶必須自行拼湊所有的領土，自行組合出完整的價值主張。

組織圖同時也是導致客戶至上策略綁手綁腳的罪魁禍首：舉棋不定。今天之所以在客戶策略規畫時出現如此可悲的結果，可歸因於**無能**做棘手決定、**不願**做棘手決定，或者就是**單純的舉棋不定**。企業無法表述關鍵議題，做出一連串的困難抉擇（此即本書談論的焦點），自然也就沒辦法改造自己的組織。這說明了光是立意良善，並不足以轉化為卓越的執行力。在我們的研究與諮商過程中，不斷發現這些難以掩飾的訊息：各式各樣的症狀都顯示癥結就在於未能做出有意義的客戶策略抉擇。舉棋不定比不決定更糟。不決定**不**代表不行動，在很多情況下，只是讓公司回到舊有的、以自我為中心的營運模式。更糟的情況則是，在某一或兩件關鍵事項上舉棋不定，往往會損及其他已做的決定，並導致整個策略失敗。

舉棋不定有兩種看似微不足道卻具致命效應的形式，可能危

及客戶維護專案。首先是決策矛盾：在某個決策開始執行之後，又做了一個與其衝突的決策，因而削弱了此與客戶相關決策的效益。缺乏一致性在客戶策略上是司空見慣的事，因為企業不斷為達成更高的利潤和效率而奮戰。

第二個致命的「決策原罪」是近視：標準的短視近利。即便擬定了一個很好的客戶策略，幾個月之後，這個策略又被另一個毫不相干的企畫給取代了，而且就在準備開始收成之前。結果，那個計畫周詳的策略不見了，整個組織把焦點轉向新擬定的、與客戶無關的目標。

做一個贏得客戶的抉擇，不僅僅是一個決定罷了，而是一種生存形態的改變。單單一個人是開不了會的；同樣地，光有決定也無法竟其功。想要讓決定或策略發揮效益，就得滲透組織、徹底執行，並搭配必須的變革以符合客戶期望。決策的重點在於執行，而非宣達。和我們個人的日常生活一樣，客戶對你的評斷，憑藉的是你做了什麼，而不是你說了什麼。讓你的抉擇能夠因時制宜，對發展長遠、深厚關係而言是必要的步驟。

失敗的因素

探究全球成功與失敗的案例，加上我們與客戶的溝通經驗，顯示出多數失敗的原因就存在於企業和他們的客戶之間。我們還發現一家公司的失敗，通常肇因於幾種因素的集結。這些**失敗因素**（我們稍後在第一章會討論此議題）無論是企業對企業（B to B）或企業對個人（B to C）的公司皆適用。本書提供了許多在客戶策略上做出正確以及錯誤抉擇的案例。我們描述的企業不盡然在面對**每一個**抉擇時都做了正確選擇，但是從他們**做過**的決定

中，我們發現了值得與大家分享的經驗與原則，得以提供有意尋求做出對的抉擇的企業參考。

為了強化你的個人經驗，本書還出了一些習題，讓你能夠把這些原則運用在自己的企業上。由於本書的目的不僅在於挑戰你的現況，也希望能夠協助你付諸行動，因此這些練習題的設計，旨在協助你運用所學以因應日常面對的特定市場與營運狀況。如此一來，你就可以開始建構自己的行動方案：做出正確抉擇，避免犯下致命錯誤。

本書讀來或許並不輕鬆，不過那些樂於正視挑戰、做出對的抉擇的人，終將歡喜收成。而收成將化身成新4P，此新4P乃以為客戶創造福祉的**行動**為基準，而不是只停留在認知的階段：Premium price（超額價）、Preference（個人偏好）、Portion of budget（支出比例）、Permanence of relationship（恆久關係）。這些是客戶給予做出正確抉擇、促成真誠恆久關係的廠商的回報。

本書的主旨在於協助你在客戶策略上做出對的決定，讓我們開始往前走吧！

PASSIONATE

第 一 章

&

致命錯誤
如何要了企業的命

PROFITABLE

尋 找客戶與追求事業成功同屬老生常談，但我們還是能夠發現不想對客戶全心全意付出的公司。當然，每一家企業都認為自己把焦點放在客戶身上，他們也可以亮出一張洋洋灑灑的企畫案名單以茲證明。然而與此同時，客戶卻仍然覺得自己遭到空前的輕忽。客戶的不滿快速累積，沒幾家企業能夠與他們的客戶建立起持續不墜、有利可圖的關係。

近十年來，大家開始一窩蜂地關心起客戶服務，此從可觀的投資與大量宣言出爐可見一斑。大家都知道，缺乏忠心客戶的支持，企業無法永續經營；客戶應該擺在我們做每一件事的核心位置；我們每天都應該竭盡所能關愛、擁抱、取悅客戶。但為什麼企業持有這麼好的意圖，還是在這件最重要的任務——吸引並保有客戶——上敗下陣來？為什麼花了大筆錢投資在客戶身上之後，老闆看到的成果卻如此微不足道？

回答這個問題無法一言以蔽之。我們的諮商與研究經驗得出許多失敗的原因，我們稱之為**致命錯誤**（Fatal Mistake）。對許多公司而言，這個問題的答案其實集結了多項致命錯誤。

致命錯誤之所以致命，是因為企業未能正視這些錯誤，也不了解它們在客戶關係上的角色有多重要。對很多組織而言，由於存在致命錯誤，因此任何客服專案在推出前都已注定邁向失敗。它們之所以致命，在於它們已經滲入企業的行為與文化中。它們已經變成企業DNA的一個分子，很難移除。通常公司就算對這些致命錯誤了然於心，仍會試著推出些客戶專案，因為他們寧可相信這些專案必能奏效。這完全是一廂情願的想法。

除非正視並拔除這些致命錯誤，否則企業的客服專案鐵定持續失效，無論砸下多少錢、許多大的承諾。客戶至上策略與這些致命錯誤無法並存；不過多數策略在面對棘手抉擇時，往往會在

客戶至上理念上打折。企業總是習於忽視這些致命錯誤，這樣的做法，無異於與客戶為敵。

致命錯誤一：求新的文化

企業總是崇尚新事物：新產品、新客戶、新訂單、新領域。我們處在一個喜新厭舊的文化中。維持現有事物是件吃力不討好的工作，交由薪資較低、最不重要的員工處理；炫麗多彩的新事物則是天縱英明的管理階層的專利。傳統上，開發新客戶的業務人員的薪給高於維護現有客戶的業務人員。這種文化氛圍，從何者是組織重視與獎勵的對象，傳遞出一種再清楚不過的訊息，也同時彰顯出資源將落在何方。承上層旨意的員工，自然發展出一種求「新」的文化。身處資源愈來愈有限、受重視的專案少得可憐的環境中，這種求新的文化，將導致員工在關懷、維護現有客戶上，顯得漫不在乎。

在這種文化下，維繫及哺育現有客戶被視為次要工作。我們喜歡賣東西給一個客戶後，繼續往下一個客戶邁進。客戶很快就得到一個訊息：蜜月期結束，他們的購買行為被視為理所當然，未來也不會是首選的關愛對象。因此，客戶複製企業的行為，也開始尋找下一個把他們視為新客戶的廠商。

致命錯誤二：擦了口紅的豬

許多企業的客戶策略，並未從過程、行為、方法上做深度的改變。他們往往認為自己這種較嚴謹、高效率的運作模式（與客戶需求幾乎毫不相干），能夠以不變應萬變。尤有甚者，他們會

自創一種新的花腔，將自己粉飾為善待客戶的企業。這些公司把客戶策略當做化妝品，訴諸色彩繽紛的商業活動、廣告和簡介，許下重諾、強化期待。但其客戶策略卻未在過程、行為、方法上做深度變革。這種公司從不費心於檢視企業內部有哪裡——譬如產品端、流程端——需要改變，以執行並兌現自己許下的承諾。事實上，大多數的企業都希望自己不需要做任何改變，**除了**外人看得到的表面功夫之外。他們寧願相信豬擦了口紅就可以被人誤認為是天鵝。

上了幾年當之後，客戶也被訓練得能夠在幾哩外就分辨出那是一隻豬，無論牠擦了多厚的口紅。更糟的是，把客戶訓練成在不疑處有疑，因而拒絕接受任何隱藏在化妝品之後的真相的，正是企業本身。

致命錯誤三：熱情流失

一開始，總有位懷抱高尚理想的企業家，希望能透過一種新產品或服務改善大家的生活。這位企業家本著熱情製造、銷售新產品。事實上，整家公司的運作基礎就在於熱情——無遠弗屆，且引起了客戶注意。這樣的熱情也使公司更了解客戶（以及他們購買產品的原因）。隨著公司日益壯大，開始由善於精算數字的財務人員接管，他們加工處理所有的事情，清除最重要的無形資產：熱情。一旦對客戶缺乏熱情，任何策略都無效。

產品和客戶是各自獨立的個體，需要有黏膠或化學變化，才能讓兩者連結在一起。缺少這種化學變化，產品不過是各種才能的組合體罷了。創造購買的引力或動力的關鍵因素並非產品或服務本身，而是該產品或服務與客戶互動的感覺。對許多新公司而

言，熱情就是黏膠──一種催化產品或服務魅力的人際接觸（一
對一行銷）。缺乏此種熱情，產品變得毫無特色，和競爭對手的
產品並無二致；因為促使它愛不釋手的化學變化消失了。雖然企
業肯定會不斷澄清自己並未失去熱情，事實卻遠非如此，而他們
與客戶之間的連結也持續鬆動。失去熱情代表失去經營企業的核
心要素，通常會導致沉溺在以成本控制為名的商品大眾化（com-
moditization）深淵。

致命錯誤四：降低成本的真正成本

專注於削減成本的公司必須面對一個簡單的事實，只不過他
們通常都習慣忽視或否認這項事實：世上沒有免費的降低成本專
案。隨便一張損益表都能清楚地告訴你，如果從天平的一端拿走
一些東西，勢必會影響另一端；這是每個善於精算數字的財務人
員都明白的簡單原則。然而，在推行降低成本專案時往往有個問
題隱匿不彰：誰負擔這個成本？

客戶負擔。削減成本導致企業加速產品與服務的商品大眾
化。客戶開始發現具特色、區隔化的產品愈來愈少。降低成本也
表示服務客戶的人變少了，所以客戶得自己服務自己。而那些留
在檯面上服務客戶的人，既非滿懷熱誠也無雄心大志，因為士氣
低落。降低成本的代價相當高昂，而首當其衝的，正是經常扮演
我們的犧牲打的客戶。

企業在急於向投資人誇示削減成本方案奏效時，往往刻意不
揭露其實質代價。他們表現得彷彿降低成本對任何人、任何事都
沒有任何影響，似乎可光削減成本而不造成任何損害。實際上，
過去幾年的降低成本行動確實嚴重損及與客戶之間的關係。企業

在面對成長挑戰的同時，也面對著心存怨懟的客戶，因為客戶對自己必須承受這些後果相當不滿。經歷過這一切後，還希冀客戶展現忠誠度或恆久關係，無異於緣木求魚。

致命錯誤五：無法運作

落實客戶策略代表什麼？它對物流作業或應收帳款有什麼影響？我們往往少了一份營運計畫：我們如何將公司改變成客戶至上？需要什麼樣的改變？大多數現存的經驗與研究都將焦點放在流程的起始點，譬如設計一些新的傳遞訊息或定位，很少人聚焦於一套完整的營運計畫，以落實一項牽一髮動全局、關乎整個企業體的客戶策略。

缺乏營運計畫，表示策略目標並未化身成公司政策或影響員工行為。因此，企業並非與此策略共生，只不過視之為牆上的美麗海報——一份具有啟發性的任務宣言，而非必須執行的策略。

致命錯誤六：種什麼瓜得什麼果

目前的薪資結構都把焦點放在生產力上。獎勵的根據可能是行銷部門招來潛在客戶的成績、業務人員的業績達成率，或者是運作部門的生產量。無論是哪一種形式，重點都在量，而非質。這是現行的營運模式，員工也是依此原則行事。然而，你不可能一方面繼續以生產力做為支薪的唯一基礎，另一方面又期待員工會自動把焦點轉到服務的質上面。絕對行不通。

任何一項重大的策略性變革，如果沒有在員工績效評量方式和薪資結構上做任何變動，是成不了氣候的。想要動薪資結構，

難度通常很高，所以一般企業寧可按兵不動，希望能夠省下更動獎勵制度的麻煩。但實際上，忽視這些重大的改變，無異於暗示員工，客戶服務策略**不**具策略性價值。員工接受到這些非正式的訊息後，便會依此安排手邊工作的先後順序。一旦老闆決定不變更與客戶相關的獎勵方案，自然會傳遞出一種清晰的訊息：「這對我們來說無關緊要，不過我們希望你願意自行處理這件事。」或許有些傑出的員工會花點時間在客戶身上，以便讓事情順利進行下去，不過，在獎勵方案無法激勵客戶至上行為時，「我不管這事」是最常見的員工論調。畢竟，事情要是沒大到會影響薪水的話，肯定對公司而言沒那麼重要。

致命錯誤七：變革管理

改變不會自行發生。客戶策略需要進行內部本質上的變革。長期致力於改進產品或營運效率的企業，勢必得在客戶策略上做些重大改革，從角色與責任的更新到重新建構組織圖。每個人對改變的反應不一，不過多數人都不免擔心，因此往往視之為對個人的一種威脅。就算是在電子郵箱中出現一封執行長或總經理寫的內部信件，也不代表大家會趕緊改變方向。

員工透過有意或無意的行為導致客服策略失敗的例子屢見不鮮。這種行為的產生，往往是**因為**害怕改變，以致蒙蔽了員工的眼睛，怪罪客戶專案，把焦點全集中在可能對自己形成的負面效應上。因此，在策略中也必須加入變革管理，並給予員工心理建設、進行經理階層訓練。在推行組織內變革時，必須讓員工買這份專案的帳，而且應該將適當的變革管理分析與策略融於一爐。執行長寫的信中，不能忘記這個環節。

致命錯誤八：缺乏領導者

近來，當我們觀察執行長時，不難發現他們多半出身於財務或作業部門，鮮少有行銷、業務或人力資源背景者。顯然企業領導人都是效率與數字方面的專家，但在人的方面卻不怎麼在行。綜合數十載的經驗，這些執行長傾向於用自己看起來最舒適的眼鏡觀看世界，這種觀點讓他們爬到現今的頂端位置。和大多數人一樣，他們也喜歡待在自己的安樂窩。

客戶策略需要領導者從客戶的角度來經營企業，而不是只看電腦報表。這樣的策略需要領導者擁有人性化技巧，以及一顆感念人類資產的赤誠之心。這種做法與財務或作業專家的訓練背道而馳，他們長年來接受的訓練重點都是數字──這也是他們克服難題的方法。這不能怪他們，因為積習難改。不過這並無法改變一項事實：在上層管理階層中缺乏「了解原委」的真正領導者。

致命錯誤九：關係管理缺乏規畫

大多數的客戶關係，都不是以首次銷售之後還能延續下去做為宗旨，通常是因為我們沒有其他的東西可賣。而且無須贅言，這種方法所費不貲；如果拿整體的銷售數字與延攬新客戶的成本相較，會發現如此做法代價高昂。因此企業在建構客戶關係時，並非著眼於長期，他們把客戶視為終點站，而不是一段旅程的開始。每一次的銷售，都是一個一次性任務的完成，而非長期關係的開展。

在我們研究的過程中，未曾發現任何一個規畫完善、關係為期二至三年──更別說是十年──而且可促成多次回購與推展深

度關係的客戶方案。我們看過許多空泛的口號，卻沒有成文的方案。企業往往期待好運會從天上掉下來。既然大家所受的訓練都是開發新客戶，所以也不清楚除了促成首次銷售之外還能做些什麼。我們非常訝異，企業營運上至關緊要的一個課題，竟然就這麼任其自生自滅，不做任何深思熟慮、切實可行的策略規畫。

關係管理缺乏規畫，代表了渾沌不明、行事無章。如果沒有規畫完善的關係管理方案，企業注定會陷入不斷追尋新客戶、建立無數超短期關係的惡性循環。如此一來，勢必將自己的客戶暴露在隨時可能被競爭對手襲擊的情境中。

規畫完善的關係管理，指的是對期待有所回應並能確保長期服務，此舉可望促使每個客戶帶進更高的營業額與利潤。可惜的是，雖然這是基本常識，多數公司在運作時卻總是靠一時興起，而非一套規畫完善的關係管理方案。

致命錯誤十：科技捷徑

很多公司認為，開發客戶策略指的就是花錢買進一些科技。他們寧可相信只要一個神奇的小玩意兒，就能夠把自己從必須面對的策略規畫、流程探討、變革管理等棘手任務裡解救出來。然而，科技不過是一項工具罷了，它不能幫你做自己該做的事。你沒辦法光買一支榔頭、一把鋸子，就期待一間布置完整的餐廳會自己生出來。雖然沒有畫筆和調色盤就畫不出傑作，但事實上，在還沒規畫好你自己需要什麼之前就把工具都買來，則是蠢事一件。如果你連自己要畫什麼都搞不清楚，又怎麼知道繪製那未來傑作要買哪些顏色呢？然而，常識卻沒辦法阻止許多企業走科技捷徑的企圖。

　　認定此捷徑得以奏效的魅力實在太吸引人了，誰也無法就這麼擦身而過。雖然大家心知肚明，科技通道與其他多數的捷徑一樣，都只能締造短期效益，更糟的是，還可能危及客戶關係。其實只要牽涉到人，就像在現實社會中，是沒有捷徑可循的。與客戶發展深度關係，就像跟摯愛的人發展深度關係一樣，不可能一蹴可幾。

　　如果一家企業有心尋求有利可圖的長久關係，便得針對左右成敗的關鍵因素做一連串的困難抉擇。首先得下定決心向舉棋不定說再見。缺乏決斷力是致命錯誤的一環，代表了寧願選擇黏住現行營運模式，捨棄客戶至上的策略。如果企業無法下定決心拔除造成這個問題與命定失敗之根，便無異於對客戶投下反對票。

　　想達成客戶至上的經營模式，企業必須先搞清楚自己的致命錯誤。他們應該從習以為常的運作上消弭這些錯誤，才能開始遵循自己所做的抉擇，走向客戶本位的正途。能夠直陳這些棘手錯誤及其相關議題，將成為他們在擬定經營方針時決定維持原貌或轉向客戶至上思維的關鍵。還有些畫大餅、做不到的事情也肯定會導向失敗；缺乏抉擇，企業注定身陷致命錯誤的泥淖。

　　的確，下決心以客戶為本不是一覺醒來就做得到的改變，它涉及的影響層面很廣，從公司的產品設計、服務方式，到獎勵制度，到產品生命週期長短以及新產品的問世時間，不一而足。企業得做些複雜的決定，衡量輕重得失，問一些諸如此類的問題：

- 客戶在本公司的角色為何：一個到達某個目標的管道還是最後目標？
- 公司的首要任務為何：效率還是客戶？

- 我們與客戶之間進行的是真正的對話，或只是說說場面話？

所有抉擇——不僅止於上述——將畫出一張邁向永續經營、有利可圖的客戶策略藍圖。如果在這條路上做錯一些決定，將削弱策略及執行力道，讓完善理念與傾力奉獻付諸東流。

只有百分之百的承諾

每一家企業在決定是否要轉型為客戶至上的組織時，都必須面對這些重大抉擇。這些抉擇不能以做不做無所謂的態度待之，否則會重蹈很多企業的覆轍。如果你決心聚焦客戶，便得就這些抉擇做出決定。記住，它們不是選擇題。有些公司做了其中幾項抉擇，但幾乎沒有任何一家公司就所有的議題都做出抉擇。下面所列的重大抉擇，我會在後續的章節中一一討論。每一章論述一個抉擇，並且會就其詳細剖析，提出正確的執行方法。

- 客戶在我們企業中的角色：是通往某個終點的管道還是最終目標？
- 我們應該放棄哪些客戶？我們是不是任何願意付錢的客戶都要？
- 以什麼定義我們全部的經驗？我們是否是一個採取密室運作的組織，每種功能只負責客戶的一小部分？或者我們是個完整、全面的客戶服務機構？我們尋求的是什麼樣的關係？我們秉持的是自私自利、高效率、交易至上的原則，還是尋求一種無私的長期關係？
- 我們怎麼改變才能避免落入密室效應客戶陷阱？我們如何界定完全客服的職責？

- 我們雇用的是功能性機器人還是熱情的傳道者？我們應該雇用什麼樣的人以提供最好的客戶服務？
- 談到對話與服務，我們真的在乎嗎？我們有傾聽的意願和機制嗎？
- 我們的評量方法如何描述自身？我們鼓勵的是循規蹈矩還是破除成規？
- 我們多久哺育自己的產品一次？我們期待的是創新還是原則？

而終極的承諾──一種深度聚焦客戶的策略──則是個一生的、互惠的承諾。

在苦尋客戶的歷史長廊上，某些企業主動做出某些重要的抉擇，然而能夠涵蓋全面的企業卻少之又少。只針對其中幾項抉擇做出決定，而不管其他的，猶如你決定節食，卻只在每天早上5到9點這麼做，其餘時間都放任自己大吃大喝。唯有全面謹守承諾，才能得到你想要的結果。唯有徹底謹守消除這些致命錯誤的承諾，就客戶相關的議題做全面的抉擇，才能確保客戶策略的成功。客戶只會對那些懂得回報的公司掏荷包、搏感情。企圖在客戶承諾上打折的企業，從客戶那裡獲得的也會是同樣的回應。世上沒有所謂35%的忠誠度，只有百分之百或零。這就是客戶檢視你的企業的結論。只有許下100%承諾、毫不保留的企業，方能贏得客戶的忠誠度和長期承諾。

下面幾章會詳述客戶期待與想望的承諾。一旦企業換上客戶的眼鏡，從客戶的觀點看事情，就能夠開始做出正確的抉擇。

PASSIONATE

第 二 章

重大抉擇一

我們是誰？
取悅客戶者或追逐效率者？

&

PROFITABLE

客戶——我們真的愛他們，盡力取悅他們嗎？或者他們只是賺錢的一種工具，因為我們沒有其他更好的辦法支應日常所需費用？我們滿懷熱情，希望自己能使人幸福，使人每天都笑容滿面嗎？或者客戶根本是我們不得不承受的負擔，只因為我們並非含著金湯匙出生，也沒中樂透？客戶是我們的最終目標或只是達成某個截然不同的目標的管道？這個問題的答案，決定了你對客戶承諾的程度。如果客戶是最終目標，那麼你對客戶許下的是一個長遠、絕對的承諾；如果客戶只是達成某個目標的管道，那麼你只會揀最不重要的事做。

這些問題，是客戶—企業面對的難題的核心。這些問題的決定，會導引出你的營運方針、反映在員工行為的每個面向，並協助你達到客戶策略的全面性成功。忽視這些問題，將讓你陷入利己本位的行為模式，客戶也將選擇背離，導致你的營業額與毛利率逐步下滑。

雖然多年來企業投入大筆資金在客戶關係管理專案以及其他與客戶相關的專案上，卻僅有非常少數的公司能夠與客戶建立起長久關係。即使花在客服中心的投資額平均成長了20%，客服專員仍然被客戶視為公司內最令人厭惡的環節之一。強那森・歐特（Jonathan Alter）曾在《新聞週刊》（Newsweek）的一篇報導中指出，多數的客服專員能夠在不到60秒內，把一個健康的人弄到必須進醫院動心臟手術。不幸的是，多數的客戶都表示贊同。

為什麼這麼多聰明絕頂的領導階層無法在第一時間就把客戶關係做對？這項任務和公司其他的任務不同，理論上應該更簡單才對，畢竟每個老闆也都是別人的客戶啊。如果你和大多數的領導階層一樣，肯定也會認為自己確實已經把客戶放在焦點位置。你身上穿的T恤和牆上海報都可以證明這一點；當然，還包括你

的備忘錄和洋洋灑灑的與客戶相關的書籍。

　　嗯，不妨來做個小小測驗：你的客戶中，有多少人會從你們手中收到生日卡？再試試另一個：你知道多少客戶的生日？想想看，如果你忘了送給你心愛的人生日卡，會發生什麼事？要是你對人家說你根本不記得他們的生日，你認為能夠發展出真摯友誼嗎？只要你懂得把個人經驗應用到客戶至上議題，便會發現很有趣的現象。這樣的應用不只是為了闡述而已，它確實和客戶關係相關，且直指核心。客戶是情感的動物，並非邏輯思考的產物。把他們當做一連串財務交易的個體，忽略了他們的情感面，簡直就是搞不清楚關係究為何物。

　　客戶—企業關係何以產生問題，是我們近來全球研究的焦點議題。我們與其他研究方法不同的是，並未請客戶告訴我們到底哪裡不對勁，因為很多人已經這麼做了。我們這一次的方法是拜訪全球領導企業的領導階層。我們訪查了北美、歐洲、亞洲和非洲共計165位的客服與行銷高階主管，問他們與客戶相關的議題以及客戶承諾。這些主管都任職於名列《財星雜誌》2000大的新興企業。我們繪製圖表的根據，是他們在對客戶創造與傳遞價值——也就是建立關係與忠誠度的真正價值主張——的議題上所做的答覆。我們希望聽到內部真正的聲音。這項為時一年、包括多次面對面訪談的研究，凸顯了一些有關客戶—企業關係基本議題的真相。以下是我們的部分發現：

- 60%的受訪者表示，他們與客戶的關係未經適當定義或規畫。
- 42%的受訪者表示，他們公司接受任何願意花錢買產品的客戶；B2B和服務業企業的比例分別是72%、69%。

- 46%的受訪者表示，他們的主管並未經常面見客戶。
- 只有32%的受訪者表示，他們的薪資結構與服務品質綁在一起。
- 只有37%的受訪者表示，他們擁有指出並解決客戶問題的工具。
- 只有36%的受訪者表示，他們公司對人的投資高於對科技的投資。（美國的比例為38%、歐洲10%）
- 歐洲受訪者中，認為自己公司值得客戶忠誠以待的比重只有36%，美國的比重為54%。

會錯意又表錯情的關係

上述結果顯示，客戶與企業的關係存在著根本上的瑕疵。企業在發展客戶關係上，幾乎沒有一套定義清楚、規畫完善的策略載明對兩造的期待。雖然41%的美國受訪者認為他們對客戶的角色定義得很清楚，歐洲持相同看法者卻只有17%。而當我們要求那些自認為定義良好的受訪者舉例時，卻都無法就此議題做出適當、完整的陳述。這樣的發現表示，他們對公司在與客戶的關係上究竟追求的是什麼缺乏整體了解。當受訪者面對諸如「公司追求的是多久的關係」以及「希望擁有多少的毛利」等問題時，能夠說出答案者的比例僅個位數。在焦點如此不明的情況下，根本開展不了長期關係，更別提讓商機極大化，或對客戶傳遞完整的價值主張。這種曖昧不明的狀態，也會導致無法以長期的角度進行客戶關係規畫、建立起成功的里程碑。結果就是在態度上把客戶視為一次性互動的對象，接著又急急忙忙地去找下一個目標，然後讓那個剛剛成為你客戶的人，懷疑起自己先前的決定究竟對

不對。

　　超過41%的受訪者表示，他們公司會接受任何願意花錢的客戶。如果把這個調查結果以產業別加以區分，令人訝異的是，我們發現關係密度高的產業，譬如B2B公司，比重竟高達52%。這些數字表示企業對客戶缺乏基本篩選，不在乎誰才適合且懂得欣賞這家企業的經驗。缺乏對客戶的基本篩選，會導致與不適客戶——那些未來會變得無利可圖的客戶——發生關係。許多公司都因不懂得挑選贊同其價值主張、且願意付出較高代價的客戶而受苦，結果就是把資源浪費在不適合與你們公司發生關係的客戶身上。這種方法凸顯他們把焦點放在強力的**產品**而非**客戶**身上，抱持的態度就是「管他張三李四，只要知道我們公司的名字又有足夠的錢，就是我們的目標客戶」。

　　我們從**圖2.1**不難看出，整體上有41.1%的受訪者表示，他們樂於接受任何願意花錢的客戶，無論適合其客戶架構與否。而

圖2.1　樂意接受任何願意花錢的客戶，以產業別區分

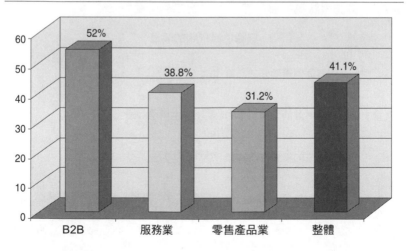

B2B產業的比重高達52%，著實讓人跌破眼鏡；該產業對關係的仰賴度非常高，應該有足夠的時間對客戶進行質化篩選才對。此結果導致我們對產業——所有產業——異常失望。企業將因此導致自己的客戶基礎開始動搖，因為長期而言，那些不適合的客戶會花掉公司很高的維護成本，而另一方面，適合的客戶則開始流失。適合的客戶被迫與不適客戶一起搶公司有限的服務資源，最終會決定放棄，投向競爭對手的懷抱。對不適客戶提供服務，等同於給適合客戶的服務變少，後者的滿意度自然也將隨之降低。

意圖與執行間的鴻溝

員工經驗是另一個值得注意的議題（**圖2.2**）。雖然有74.3%的受訪者——比例相當驚人——認為他們老闆值得忠誠以待，但是當問到有何具體行動可資佐證時，比例卻掉到了：

圖2.2　受訪者認為在服務客戶上缺乏工具與權力

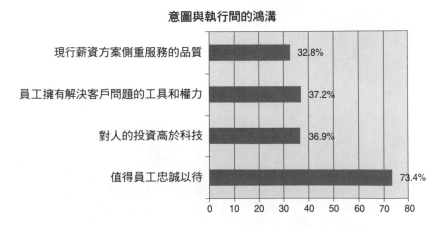

意圖與執行間的鴻溝

- 現行薪資方案側重服務的品質　32.8%
- 員工擁有解決客戶問題的工具和權力　37.2%
- 對人的投資高於科技　36.9%
- 值得員工忠誠以待　73.4%

0　10　20　30　40　50　60　70　80

- 只有37%的人認為，他們公司對人的投資高於對科技的投資。

- 只有37.2%的人認為，他們擁有解決客戶問題的工具與權力。

- 只有33%的人認為，薪資方案側重質而非生產力。

這些結果值得警惕，因為受訪的對象是高階主管而非較低階的員工。如果這些領導階層中三分之二的人都堅稱他們在服務客戶上沒有工具、權力或投資，他們的行事作風就會依此而來。而且，不論口號說得多動聽，他們所領軍的隊伍也會遵循他們的作風。缺乏信念，他們很難領導自己的組織往卓越服務或獨特產品發展。

處在產品與服務愈來愈大眾化的時代，企業對服務人員的依賴度會愈來愈高，必須仰賴他們說服客戶自己擁有與眾不同的特性，而且能左右客戶的意念，願意付出較高的價格購買產品。當客戶完全看不出來你們跟對手的產品與服務有何差異時，活生生的人的親身服務，就能創造出他們想要的差異性。這是因為人，以及他們介紹產品和服務的方法，創造出超額空間或偏好。客戶與服務（以及圍繞著產品的整體經驗）發展出的價值連結，遠高於光是產品本身所提供的價值。上述結果顯示企業並不了解這些因素，也無法據以提供客戶一種完整的經驗。

雖然有58%的受訪主管認為他們公司對客戶付出真摯的承諾（美國61%、歐洲46%，詳**圖2.3**），但：

- 54.5%的人認為，他們公司並未與客戶間發展出一種真正的對話模式。

- 53.8%的人認為，他們的主管不常面見客戶。

- 59.6%的人認為，客戶的角色定義不清。

圖2.3　領導階層認為對客戶至上的承諾有流於表面化的現象

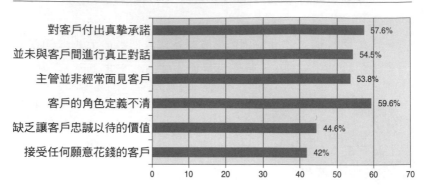

對客戶付出真摯承諾　57.6%
並未與客戶間進行真正對話　54.5%
主管並非經常面見客戶　53.8%
客戶的角色定義不清　59.6%
缺乏讓客戶忠誠以待的價值　44.6%
接受任何願意花錢的客戶　42%

0　10　20　30　40　50　60　70

- 44.6%的人認為，他們公司缺乏讓客戶忠誠以待的價值。
- 42%的人認為，他們公司接受任何願意花錢的客戶。

　　這些結果顯示，許多主管認為公司對客戶的承諾流於表面化，只不過將客戶視為創造營業額的工具。如果他們遵循的是公司的行為而非宣傳口號，他們的作風肯定也會依樣畫葫蘆。雖然所有對客戶的承諾都在於確保客戶滿意度，但調查結果卻指出，大多數的主管並不認為公司會信守承諾。

　　在這樣的情況下，當主管把這些行銷術語式的承諾轉化為服務和實際價值時，便會衍生出許多的問題。

效率化的代價

　　最近幾年，企業開始把他們所傳遞的行銷訊息當做客戶承諾上的戰績。許多的活動，譬如一對一行銷與客戶關係管理，都促使企業不斷膨風傳遞的訊息，而且愈重要的客戶膨風程度愈強。

他們浪漫的廣告讓客戶擁有更高的期待——卻在客戶首度與客服專員接觸時就開始漏氣。

這種信誓旦旦的手法不是現在才有的。我們不妨看一看歷年來出現過的有趣宣言：

1960年代，我們賣的是盒子；1970年代，我們賣的將是客戶問題解決方案。

——IBM資料處理部門主管勞夫·菲佛（Ralph A. Pfeiffer），《推銷與行銷管理雜誌》（Sales and Marketing Management），1972年8月號

我們致力於改變我們企業體內任何需要改變的環節，目的就在於讓我們成為一個對客戶需求快速回應的企業。

——IBM資訊系統事業群資深副總裁暨事業群執行長小羅傑斯（C. B. Rogers, Jr.），《推銷與行銷管理雜誌》，1983年1月號

我們準備重整業務部門以提供客戶想要的。我們要以客戶利益為起點。

——IBM董事長小路易斯·葛斯納（Louis V. Gerstner Jr.），《推銷與行銷管理雜誌》，1993年7月號

如果這些宣言不是如此不堪，其實是很有趣的；這種事可不只發生在IBM身上，恐怕每家企業都有過類似的情節。企業經常在對客戶的承諾上大放厥詞，結果又做不到。似乎每十年至少會有一次機會，我們可以看到客戶至上的旗幟飄揚在空中。接著，我們很可能又走回效率化機器的老路，把重點放在不停壓榨、企圖用最少錢做最多事的策略上。我們剛經歷過最近一波的削減成本風潮，任何無法交出成長數字的公司都把降低成本當做生存的

必然模式，這也是領導階層展現「領導能力」以及戰勝逆境的一種方式。成千上萬的工作機會消失了，省下成千上萬的錢。這些砍成本的人，在他們汲汲營營證明自己的重要性的同時，卻忘了告訴華爾街最終的價格為何以及由誰埋單。答案很簡單：客戶。

聚焦於削減成本的企業，也會稀釋掉自己的產品與服務的價值。一頭栽進降低成本的想法裡，會加速商品大眾化的腳步。當然，客戶也會變得同樣有效率，開始尋找最低價的產品，拒絕對任何一家企業付出忠誠度。面對一個毫無特色的某大品牌產品，客戶認為根本沒必要付此超額價，也無須執著於該品牌。於是，便陷入了價格戰中。

當IBM 2003年大肆慶祝省下上億現金的同時，我開始想，不知道他們下一個準備商品大眾化的產品會是哪一個；某種程度而言，這代表了客戶無須再對那一樣產品抱有任何偏好。然後，事情會不斷重複，直到下一篇領導階層有關客戶承諾的宣言問世為止。

卡夫食品（Kraft Foods）在收購了發跡於紐約布朗克斯區的義大利糕餅店Stella D'Oro後，決定開始削減成本。砍成本的主事者認為他們的老式糕餅食譜太費錢，決定用較低成本的奶製品取代昂貴的無奶成分。公司在準備做這些變革時，重新設計了餅乾包裝袋，並且標明奶製品成分。業績隨之下滑，客戶連嘗一口標明為奶製品的興趣都沒有。物流人員回報，餅乾放在架上幾個星期了，沒人碰過。曾經如此風行的產品，竟然在一夕之間乏人問津。原因再明顯不過了，只是那砍成本的人在做決定前，可沒費神考慮過市場會有什麼反應。那些無奶餅乾廣受正統猶太教徒的歡迎，因為他們必須謹守分食肉與奶製品的戒律。因此Stella D'Oro的餅乾是他們謹守飲食限制的良伴：既能享用餅乾，又能

不違宗教戒律。乳糖不耐症患者也很喜歡這種餅乾，他們也能夠在享受美味餅乾的同時，不用擔心乳糖成分會危及健康。

卡夫食品終於聽到客戶與物流人員的聲音，回頭採用原先的食譜。許多公司只忙於計算削減成本後的數字變化，卻疏於衡量他們的計畫對客戶的影響。把焦點擺在降低成本和效率上，卻未探究誰得為真正的價格埋單是常見的事，即使是宣稱百分百效忠客戶的企業亦然。

在聚焦客戶與成本效率之間擺盪的事屢見不鮮，不過似乎總是成本效率獲勝。

客戶和員工是兩股自然增長的力量。覺得滿意的客戶會願意付出較高的價格持續回購，展現較長期的忠誠度，也樂於和他們的親朋好友分享此一經驗。服務客戶的員工能夠分辨出，自己是否透過一種獨特、值得記憶的互動創造出與眾不同的經驗價值，這樣的訊息會傳遞到開發新產品、服務與經營模式的員工身上。這種非正式的交流會影響整個公司的能量，確保未來業績可期，因為客戶選擇與這家在產品與服務上都擁有高度價值與創新能力的公司站在一起。最近一波的砍成本風潮，無論是客戶或員工皆深受影響，信任關係受到嚴重考驗。一心追求成長的公司如今面臨嚴峻挑戰，他們必須重建信任，否則成長將成為奢想。

做做下面的問卷，檢視一下你們客戶關係的健康度：

企業─客戶經驗性向調查

指示：下列各題是對你們公司態度的描述。給予每句話1分（非常不同意）到5分（非常同意）的評分。回答時，請綜合思考公司形諸文字的部分（諸如任務、願景、價值等等）以及實際的行

動。

1. 客戶是我們達成財務目標的管道。

2. 公司存在的宗旨在於股東價值。

3. 客戶是我們事業的心臟。

4. 贏得客戶忠誠度的唯一方法是超越他們的期待。

5. 每股盈餘是我們公司的無限上綱。

6. 客戶永遠是對的。

7. 並非每個客戶都值得投資。

8. 我們的目標是用最少的成本創造最高的利潤。

9. 高效率的營運就是成功的營運。

10. 股東主宰一切。

11. 客戶就是我們存在的目的。

12. 客戶在本公司是擁有同等地位的夥伴。

13. 客戶滿意度是我們成功的關鍵。

14. 我們的客戶是我們的首要資產。

15. 擁有完善的流程是登峰造極之道。

16. 客戶滿意度與員工滿意度息息相關。

17. 想要成功，市場占有率舉足輕重。

18. 我們牆上貼滿了客戶的名字／標語。

19. 我們的員工薪資方案以生產力為主要考量。

20. 我們是市場領導者。

21. 經常收到客戶致謝函。

22. 我們是全球化企業。

23. 每個人都知道誰是「明星」客服人員。

24. 我們緊貼市場脈動。

25. 我們客服中心的目標是盡快結束來電。

評分

指示：在下表每一題的題號下面，圈出你給的分數，然後把所有圈起來的答案連成一條線。

25	9	17	2	19	22	20	1	5	8	10	15	13	14	11	6	23	3	4	7	12	16	24	21	18
5	5	5	5	5	5	5	5	5	5	5	5	5	5	5	5	5	5	5	5	5	5	5	5	5
4	4	4	4	4	4	4	4	4	4	4	4	4	4	4	4	4	4	4	4	4	4	4	4	4
3	3	3	3	3	3	3	3	3	3	3	3	3	3	3	3	3	3	3	3	3	3	3	3	3
2	2	2	2	2	2	2	2	2	2	2	2	2	2	2	2	2	2	2	2	2	2	2	2	2
1	1	1	1	1	1	1	1	1	1	1	1	1	1	1	1	1	1	1	1	1	1	1	1	1

搖錢樹   **模糊不清**   **客戶至上**

- 分析結果：
  - 如果你們真的是客戶至上，在右邊會有很多的4及5，左邊則以1和2為主。
  - 如果你們把客戶當做搖錢樹，在左邊會有很多的4及5，右邊則以1和2為主。
  - 如果此表的答案無法做成任何歸納，代表情況模糊不清，客戶和員工都相當困擾。
  - 大多數企業出來的結果都傾向模糊不清、缺乏連貫性，原因在於他們承諾的是A訊息（強調客戶關係），做的卻是B（效率掛帥）。

我們把這樣的情況稱做**心臟病發作**。要是貴公司處在心臟病發作區，表示你們很可能促使最重要的股東、客戶和員工心臟病發作：

- 對於客戶，你們送出承諾秋波，他們的期待隨之升高。一旦結果不符，他們的失望怨懟也勢必加倍。除非你們擁有配套的營運措施、人力支援以達成使命，否則最好不要隨便畫大餅。

- 對於員工，你們傳遞的訊息模糊不清、相互矛盾。他們聽到的是「企業要成功，以客戶為本是關鍵因素」；然而，就在他們準備開始朝這個方向做時，卻又冒出來一個效率掛帥或利己服務的指示，搞混了他們。過一陣子，他們會開始習慣這種摩天輪式的作風，乾脆再也不理什麼宣言，堅持效率模式就對了，客戶從此被晾在一邊。

如果你採用心臟病發作區的營運模式，就絕對不屬於客戶至上領域，雖然你可能**自認為**如此。你掉進了相信自己的非理性陷阱裡，一頭栽進自己臆想的員工同心同德幻境。該清醒清醒、遠離心臟病發作區了。本書要強調的就是這點。

往好的方面想是，你的分數與絕大多數做過這項測驗的人一樣；往壞的方面想是，你讓自己的客戶與員工搞不清方向，他們很快就會把你們的產品或服務歸類為毫無特色。你其實有個大好機會，能夠讓自己重新對焦客戶、區隔你們公司和其他同業。只不過你的風險是，說不定會有人搶先一步。

2000年，全球穀類早餐領導品牌家樂氏（Kellogg Corporation）在強敵通用磨坊（General Mills）的打擊下，市場占有率開始下滑，毛利率快速萎縮。為了開疆闢土，該公司決定以46億美元的價碼購併吉伯樂（Keebler）。這項決策背後的因素在於，把穀類早餐在事業體中的比重從75%減至40%，以降低其依賴度。事實上，該公司的做法無異於對市場的商品大眾化風潮舉白旗，他

們在搶回市占率、提高對客戶的附加價值上沒有任何積極作為。就和許多選擇走同一條路的人一樣，這項行動的結果也遠不如預期。吉伯樂的營業額無法達成原先規畫的目標。

更糟的是，家樂氏仍舊得重新面對商品大眾化的威脅。他們發現不僅穩如泰山的市占率第一名寶座拱手讓給通用磨坊，也失掉了全球領導地位；通用磨坊的市占率攀升至32.5%，家樂氏則掉到31.2%。於是，家樂氏的領導班子又福至心靈地想到一個主意：別再管牆上的標語，應該謹守企業目標。為了確保市占率不再流失（與他們的客戶一點也扯不上關係），他們決定加大每一盒穀類早餐的分量，而且加量不加價，以便在銷售**量**上維持第一名的位置。可想而知，這項行動進一步侵蝕了利潤。

歷經數季的虧損，加樂氏終於決定面對客戶，而不是其自私的目標，開始努力找出客戶之所以被家樂氏吸引、願意花錢購買其產品的原因。他們決定創新、提升價值。他們開發出新口味與其他添加物的穀類早餐食品，譬如特殊的紅莓穀類早餐，售價也得以高出一般產品一倍。結果，公司的毛利開始回升，2002年的淨利增長幅度高達52%。

這個故事的啟發是：如果你秉承的是自私自利的目標，就表示跟客戶無關，也不想聽客戶說什麼，那麼就得面對商品大眾化的挑戰。你也許能夠達成新的業績目標，但同時也得面對一項重大的抉擇：你要做的是取悅客戶者或追逐效率者？很不幸的是，多數企業選擇的是正確的路，卻用了錯的步伐。

第一個抉擇一清二楚。企業的核心能力和主要業務為何：效率還是取悅客戶？雖然兩者皆可創造出業績，不過效率的代價高於取悅客戶。這第一個抉擇事關重大，因為它將鋪陳出後面抉擇的道路。如果選擇的是客戶，你經營事業時的藍圖會是一個樣；

選擇效率，則會是另一個完全不同的樣，兩者無法並存。效率能幫你降低經營成本，客戶至上卻得以創造更多的營業額、降低產品的造價。很多人會認為兩者其實並非毫不相容。雖然透過有效的客戶策略也能夠達到效率化和成本降低，但不可避免地，還是得先做出根本上的決定。一開始就設定效率模式的企業，很容易在流程上犧牲客戶權益。你必須先下定「客戶至上」的決心。

表面上看起來，這個決定似乎很容易做，不過一旦你面對下面章節所陳述的其他幾項抉擇時，就會了解它不只是做做表面功夫便罷，還得在營運上付諸長期承諾。

PASSIONATE

| 第三章 |

| 重大抉擇二 |

對我們而言
客戶是什麼角色？

& PROFITABLE

在檢視轉型為客戶至上的挑戰（綜合歸納我們研究所探尋到的核心問題）時，我們發現一個異常駭人的事實：客戶和企業活在兩個涇渭分明、相互衝突的生態系統，就像兩群活在不同星球的外星人似的，操著完全不同的語言。而語言還只是最無關緊要的一環，客戶和企業的核心差異，在於擁有完全不同的需求、關切、期許與慾望。

與生俱來的衝突

有些專家認為這種差異性只不過是思維上的不同：客戶與企業的思考角度不同。但我們的研究與經驗則顯示出一種根本上的差異，影響所及不只是客戶和企業怎麼想，還包括他們運作及決策的方式。企業和客戶不是用同一套邏輯觀察、行動，他們猶如兩條平行線，他們努力想一起做的每件事，都會籠罩在這種衝突的陰霾中，導致成功的機率相當渺茫，甚至是零。變身客戶至上的難題，無法透過某個流程或功能就迎刃而解，這種與生俱來的衝突需要深度探討。

我們在檢視客戶的生態系統時，發現它包含幾項因素，諸如尋求愉悅、有利、受肯定、聲望，以及一些與經驗相關的期待；這些因素也許是決定購買產品或服務的關鍵。不過客戶也會根據對他們生活可能帶來的影響層面，研判這些綜效的好處。他們不在乎產品是怎麼做出來的，只要它帶來的效益能夠讓他們滿意就好。客戶生態系統的形成，受到兩項關鍵引力的左右：尋求更好的個人化價值與經驗，以及更低的產品與服務價格。愈能夠創造高個人化價值與經驗的產品與服務，愈不容易面臨降價需求；反之，低價需求的引力就會升高。這兩股力量從相反的方向互相拉

扯。產品與服務符合經驗管理的話，就能夠極力縮減降價需求的力道；反之則會增強降價力道。

企業的生態系統則聚焦於產品、服務或運作，牽涉的是一組完全不同的因素。一家秉持製造本位的企業，最關心的是（舉例而言）成本、研發、通路、配銷等議題，以及生產經費、運作流程等。這些因素主導這家公司領導階層日常的決策，並決定其產品與服務的命運。公司主管評量成敗、檢視核心競爭力與財務健全度，也是從這些因素的角度出發。影響企業生態系統的兩大引力在於：提升毛利率以及降低產品成本。這兩股相反的力量左右了領導階層的決策與行動。如果主管致力於提升毛利率，就會試著提高產品的售價；當然，他們同時也會不斷努力降低成本，以確保自己的產品在市場上具有價格競爭力。從他們的角度來看，他們認為這麼做能夠維持住較高的利潤。

由**圖3.1**可見，一旦我們把兩種生態系統的引力並列比對之後，不難發現二者天生就具有衝突性。客戶和企業一開始就住在不同的星球，他們的關心與期望截然不同。他們各自被不同的因素、議題驅動，整體而言，他們的需求與另一方天生就不相容。追求進一步降低成本的引力，與客戶期待更進一步個人化的經驗正面衝突。降低成本是企業加速產品與服務大眾化的目標——此與客戶追求更多的互動經驗與個人化價值的需求背道而馳。客戶自然不願為這種產品或服務支付超額價，結果也就順勢受到低價需求引力的牽引。公司調高售價以提升毛利率的企圖，直接面對客戶降價需求的挑戰。既然企業致力於削減成本，導致商品大眾化之後的產品與服務缺乏任何特殊價值，那麼客戶也別無選擇，他們開始在企業提供的價值變低的環境下尋找最低價格。這種客戶引力成為企業追求更高價格與毛利率的罩門。當然，這種引力

圖3.1 衝突與生俱來

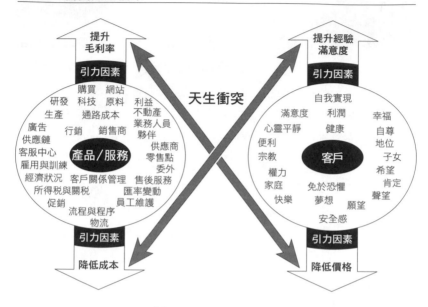

也與企業追求較高毛利的利益相左。企業希冀降低成本以提升毛利，客戶則因為所提供的產品或服務極大眾化、毫無特色，轉而尋求更低的價格。只不過，公司依舊持續按照自己的生態系統規則運作，無視於客戶的需求。這種邏輯矛盾的情結，肇因於兩個族群天生的衝突：他們住在不同的星球，有著不同的利益與期望。

我們在第一章提過，致命錯誤的發生導因於企業和客戶來自於不同的星球。企業自認為了解自己的客戶，但實際上遵循的卻是「自己」而非客戶的規則。

明白並接受這種與生俱來的衝突，顯示企業得以開始重新思考他們的客戶策略與關係，並據以重新設計運作模式。他們必須依照客戶的生態系統重新配置。拒絕接受此一衝突原則的公司，

將持續處於一種混亂的局面，試圖以短期的客戶意圖或專案架構彌補之。這種專案注定短命，且難以建立起長期客戶關係。裝飾性活動、銷售特惠案、缺乏真摯承諾，只會升高衝突；客戶反而會進一步認為，這家公司根本不在乎他們的客戶。此舉無異於在沙地上興建摩天大樓，卻揚言其大理石外表能補強地基的不穩，完完全全、徹徹底底的無稽之談。

效率化關係弔詭症候群

我們在檢視企業時，如果他們的營運模式處於天生衝突區，通常會診斷其罹患了效率化關係弔詭症候群（efficient relationship paradox syndrome）。尚未與客戶建立起關係前，企業會耗費龐大資源，透過銷售與行銷以尋找客戶。透過購買的形式完成一項初步承諾之後，企業會開始降低投資程度，樹起極大化營收、極小化成本的大旗，轉向效率至上的服務模式。簡言之，公司認定的投資期非常短，他們現在就得以從新進的客戶身上壓榨出最大利潤，而且花費最少的成本來維護這些客戶。

而站在客戶對企業的情感與財務承諾的角度看，他們通常享有的是企業承諾的關係中最低等級的服務。一旦客戶看清這個關係打從最初就屬於短期設定、該公司根本無心回饋時，就會開始移動。這種移動會分階段進行，且有跡可循；等到企業終於弄清楚這些跡象，再趕緊推出任何預防偵測的專案活動時，皆已徒勞無功。於是，又得再度面臨對客戶的高投資、低回收的循環。在這種情況下，客戶受挫、失望，也沒什麼興趣再參加任何促銷或特惠。就算他們去了，對公司也只是徒增成本罷了，因為公司得犧牲毛利，用更高的折扣把客戶買回來。

　　如**圖3.2**所示，效率化關係不切實際，反而生出反效果。企業堅信此計可行，然而得到的結果卻只在過程中讓客戶受挫、錢財流失。這就是典型的效率化關係弔詭症候群。企業認為他們得以一面發展效率化關係，一面左右客戶的承諾與偏好。企業將售後服務視為一種與首次銷售抗衡的成本，一種對其寶貴毛利的威脅，而不是視之為促成再次購買最具經濟效益的管道。這種想法一點也不讓人意外，因為絕大多數的公司，對首次銷售之後還要賣什麼給客戶都沒有一套詳盡的方案。他們把客戶視為一個目的地，到了，就理所當然地認為進入安全疆域。客戶討厭被視為理所當然，一旦有所感覺，立刻走人。

　　我們在說明會中展示此弔詭模型時，通常會把它和生活做連結。一開始，雙方都投入資源、金錢、創意以吸引另一方；等到達成一項承諾後，投資立刻就開始縮減。因為一方覺得心上大石

圖3.2　效率化關係適得其反

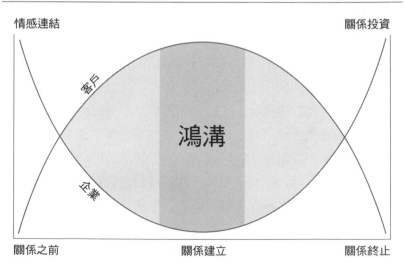

情感連結　　　　　　　　　　　　　　　　　關係投資

客戶

企業

鴻溝

關係之前　　　　　　　　關係建立　　　　　　　關係終止

已放下，該是回歸日常平淡生活的時候了。然而與此同時，另一方卻會因為覺得遭到忽視而失望，有意結束這段關係。此時，意識到嚴重性的輕忽方就會試圖討好對方，譬如買個貴重的禮物之類的。這種速食修補法通常不怎麼有效——它並未解決無意對長期關係做投資的基本問題。觀眾透過這種類比方式，往往很快就能理解此弔詭模型的運作。

日復一日，企業早就對這樣的模式習以為常。他們雇用精算師預估會流失多少客戶，然後進行更多的投資以招攬新客戶來取代這些舊客戶。產業研究顯示每年的流失率（客戶流失的比率）平均約20%（代表每五年客戶的面孔就全面翻新一次）。不過，不知為何企業總是對這種龐大的浪費安之若素，陷入不斷招攬新客戶、然後又流失的惡性循環。企業似乎不了解，只要這種效率化關係弔詭作用持續，假以時日，他們招攬新客戶的成本將急遽增加——他們創造了一大群不滿客戶，抓到機會就會開始數落這家公司的不是。這些不滿客戶的口頭傳播會讓該公司聲名狼籍，結果為了平反，代價高昂。如**圖3.3**所示，如果企業持續「招攬—流失」模型的話，新客戶的成本會不斷攀升。

問題是，多數公司並不清楚招攬新客戶的真正成本。因為資源的分配通常都是從宏觀的角度切入，自然難以窺出效率化關係弔詭模式與時俱進的實際危害。另一方面，由於缺乏精算與財務數字的佐證，致使企業依舊維持此一運作模式，繼續網羅不知道究竟會帶來利潤或虧損的客戶。行銷人員不斷聲稱，新客戶成本的增加，是因為市場現況以及廣告市場競爭愈來愈激烈的緣故。這是密室組織的典型反應，因為每個部門都僅司其職。

住在華盛頓州西雅圖的湯姆‧法門（Tom Farmer）和聖恩‧阿奇森（Shane Atchison），在向位於休士頓的雙樹俱樂部飯店

圖3.3 效率化關係弔詭模式的發展

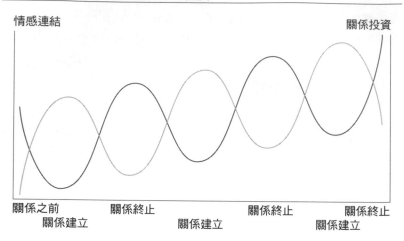

情感連結　　　　　　　　　　　　　　　　　　　關係投資

關係之前　　　　關係終止　　　　　　　　關係終止　　　　關係終止
　　關係建立　　　　　　　關係建立　　　　　　　關係建立

（Doubletree Club Hotel）訂房時，提出容許晚到的要求。他們在凌晨兩點抵達飯店，不料卻被告知飯店客滿，令他們十分震驚。雖然他們擁有信用卡保證，其中一人還是該飯店的尊榮金會員，卻仍然要不到房間。接待員麥克不僅不願幫忙，還態度傲慢。最後他們只得住在城裡另一端的汽車旅館，卻徹夜難眠。他們把他們寶貴的時間花在製作一份17頁的簡報上，詳述自己對麥克的未來工作前景，以及飯店將因他們的不快經驗招致多大經營損失的看法。他們把這份簡報傳給400位親朋好友，並歡迎他們轉寄出去。這件事發生在2001年11月21日。11月23日，希爾頓公司（Hilton Corporation）接到超過300家媒體的詢問，包括CNN的記者和一些全國性媒體的在地記者。事發後一個月，估計看過此簡報的人數已超過百萬。

麥克離開了，飯店也不再屬於雙樹集團的一員。不過真正的教訓不是這些，真正的教訓是，客戶的力量遠超乎你的想像，任

何一丁點的不快經驗，都可能對經營造成重大影響。廣告再多，也消弭不了持續透過網路進行的負面口頭傳播。如果在每年平均流失20%客戶的環境下，企業仍試圖採行效率化關係策略，新客戶的成本勢必成為龐大負擔。

站在十字路口的企業

活在相左的生態系統，重複無用的效率化關係弔詭模型絕非解決之道；這只是一條通往產品與服務大眾化、流失市占率的超快速道路。許多公司都會抱怨競爭日益白熱化、產品生命週期愈來愈短，但是他們通常選擇向內解決，不會將產品逐付商品大眾化。他們決定刪除高昂的部分或成分——這往往也是創造出產品獨特價值之所在。他們選擇的不是創新產品、讓產品往下一個階段邁進，而是走上降低成本的道路，結果卻很驚訝地發現，客戶不願為這個平淡無奇的產品支付較高的價格。企業無異於以效率之名，剝奪了客戶應有的價值。因此，客戶對此舉的反應再自然不過，且早可預見。真正在乎客戶的公司，肯定得面對橫梗在前的問題：我們究竟是效率至上還是客戶至上？客戶究竟是終點站還是能夠讓我們致富的藏寶圖的一角？我們是不斷為客戶增添價值，還是不斷從客戶手中奪走價值？在定義時，何者優先：效率還是客戶？

在你急於用那些陳腔濫調回答之前，不妨先思考以下這個問題：你們公司裡，負責客戶的是誰？某些領導人會宣稱是業務部或行銷部，但負責實際運作的人又會說他們並未獲得充分授權。其他領導人則會表示是每個人的責任。每當我聽到這樣的答案時總是微笑以對，接著我會進一步提問：「那麼一旦你們前十大的

客戶中有三個投效敵營時，誰會被開除？」此時，他們通常都會用疑惑的眼神盯著我，然後說：「你問倒我了。」

客戶至上說來容易做來難，你必須有一套嚴謹的方案，在營運上進行多方改變，以符合客戶的期望，並進一步超越期望。大多數企業都堅信自己已做了該做的事，卻還是無法贏得客戶忠誠度。某家全球化的B2B大企業，寄給每年帶進1億美元以上營業額的前五大客戶一封改善建議函。那些公司的領導階層很認真地寫下建議。一年之後，這家企業要求業務人員請這些客戶提高下一年度的購買量。由於他們非常清楚這些客戶負責採購的人員不會和提供建議的作業端人員溝通，自然希望老天保佑沒人會記得那些建議。可惜當天不是他們的幸運日，採購人員剛好向作業人員查過此事。和我們分享這則故事的主管指出，利用客戶的密室運作環境是常見的伎倆。

問題來了，棘手的抉擇。誰居首位，客戶還是企業效率？若要實話實說，你們公司最低階的員工會怎麼做，選擇效率還是客戶需求？對員工而言，哪個才是安全的選擇？就算是選擇客戶，也不代表選擇的是無利可圖的客戶或隨便什麼客戶。你應該選擇有利可圖的客戶，因為他們才值得你的付出；但無論如何，得先做出決定。

選擇客戶就一定得以效率化做為代價嗎？其實，企業與其把錢浪費在無稽專案，不如學會傾聽客戶需求，把錢省下來。只是必須先設定順位，一旦面臨定義之際，每個員工都必須知道該選什麼。我們遵循的是效率化原則與程序，還是破格之舉，因為客戶為上？許多公司面臨的窘境是，在對外宣稱客戶至上時，內部成員卻還沒做好這樣的準備，導致發生像第二章的習題所描繪的不適結果。困惑的員工最終會跟著錢的軌跡而行──遵循內部程

序和獎勵方案。

什麼樣的客戶：難度第二高的抉擇

在人際關係中，一段關係的品質與親密和承諾程度直接相關。你可以和許許多多說兩句應酬話的人建立起隨興、短期的關係，不需要什麼承諾。但能夠發展出深厚情誼、互相關懷、長期關係的對象，卻只有少數人。這是個經濟議題，也是合適與否的問題，你沒那麼多心力和太多人維持深層的承諾關係。

同樣地，企業可以選擇和成千上萬的人建立起隨興、無關承諾的關係，或選擇和少數人建立起較深層的長期關係。由於資源和關注範圍有限，企業無法負擔和太多客戶擁有親密關係。雖然每家公司的限制各異，但無論如何總還是有限制的。不了解這些限制，往往就是問題發生的癥結。企業致力於衝破這樣的限制，然而就在做此種嘗試的過程中，便開罪了他們的死忠客戶，因為企業往往在一開始嘗到甜頭後，就變得貪婪起來。他們再度轉向效率化模型，回到數字遊戲的營運老路，盡可能地招攬新客戶以強化客戶基礎，而不再專注、保護帶進最重要業績和利潤的少數精選客戶。

選擇第一個選項，面對的將是高客戶流失率以及不斷尋找隨興新客戶；選擇後一個選項，則可讓企業將心力聚焦於現有客戶身上，並透過額外投資，與其建立起深度關係，也就是將花在尋找隨興新客戶身上的資源與時間，轉成深化現有少數精選客戶關係的投資。以財務的觀點來看，第一個選項是吃下去之後讓你毛利下滑、不斷面臨危機處理的食譜；第二個選項則是通往產品創新、更高業績與毛利的道路。那麼，如果不做決定的話呢？那無

異於自動做了第一個選項。很多作業至上的公司會說「愈多，愈好」，卻忘了衡量做這個選擇的實際成本；諸如客戶流失率、把帶進利潤的客戶拱手讓給對手、招攬新客戶的投資愈來愈大等，只不過是自動做了第一個選項所帶來的的幾個例子罷了，它會讓你的毛利下降、開支上升。

你可能會覺得這些都是基本常識，但為什麼企業卻不懂得該怎麼做？因為有膽識敢拒絕客戶的領導階層實屬鳳毛麟角。「每個客戶都是好客戶、每個人都是潛在客戶」的觀念已根深柢固。只要他們叫得出我們的名字又有錢，就是有潛力的客戶（雖然他們並不知道自己被如此歸類）。看看你們的業務手冊，你會發現有好幾條原則指出得把焦點放在什麼樣的客戶身上，卻幾乎沒有一條說明哪些客戶不要碰。在網路泡沫化高峰期，情況糟到甚至連沒錢的客戶也接受。急著打開貸款專案的門、願意承擔一切成本的公司，形同關上另一個客戶的門。結果成了場開闊的遊戲，而不是服務。我們對新客戶的到來總是滿懷興奮，熱誠永遠高過維護舊客戶。

我們能夠承擔對客戶說「不」嗎？不，當然不能。在現實環境下，你的產品或服務，並非每個人不可或缺的大宗物資（姑且不論你個人的說服力有多強）。所有客戶也並非生而平等，有些人有利可圖，有些人則否。那些有利可圖的客戶，是能夠從你販售的東西裡真正發現價值的人，他們是懂得欣賞你的價值主張的客戶，也願意為此付出。其他人則否。透過大打折扣強迫客戶買你的產品，並不會促使他們欣賞你的價值。但在那些準備好、也樂意支付你原有價格的客戶看來，此舉反而會減損你的價值。所以，不挑客戶的結果就是，你的服務沒人買帳。那些欣賞你的產品、為此付出超額價的客戶，對你的服務心生不滿；而那些從沒

欣賞過你的產品的客戶，卻接收到不值得你付出的服務。

假使你已經把經營焦點放在與你十分契合的客戶身上，就不用再為照顧不適客戶而浪費資源，也能深化與對的客戶的關係；這也部分說明了效率化關係弔詭理論。如果你不願就此棘手抉擇下決定，一旦需要重要客戶「伸出援手」時就會發現，原來每段關係一開始就已注定失敗，自己也陷入緊急事故與危機不斷浮現的泥淖中。

未選擇適合客戶的代價，最終的償還方式將是更大的折扣、更低的毛利、更高的服務成本，以及更多的客戶流失。它同時也可能損及建立符合客戶需求的產品與服務；客戶要的不是在大眾化市場銷售的平凡無奇的東西，也不想成為分擔成本的分母。這個抉擇影響企業的各個層面，在制訂客戶策略上至關重要。

是超越等值線的時候了：新4P

傳統的4P——產品、價格、通路、促銷——近年來惡評如潮。四個中沒有任何一個能夠提供持久的區隔化價值，以促成忠誠度與客戶承諾。雖然企業仍致力於提供好產品、具競爭力的價格，並在許多據點銷售，透過多種管道與媒介進行促銷，但這些都沒辦法讓客戶覺得有何特殊。企業往往將非常龐大的資源投注在這些傳統的P上，卻發現自己站在客戶期望的等值線上。站在等值線，意味著毫無特色，所以也無所謂偏好。

任何推到市場上的新產品，都得面對強大且持續增加的競爭對手。和二十年前比起來，產品的獨特價值很快就消失無蹤。汽車業分享核心技術的歷史悠久，大家攜手開發、製造車輛以降低成本。不過為了回應零售市場的需求，許多美國國內業者開始發

展自有品牌，但最終都以本身產品愈來愈缺乏特色收場。尤有甚者，由於無時無刻都可交易的網路興起，導致產品區隔化從擁有一種不可或缺的定位變成一種必備條件。

近來，美國本土掀起一股透過加拿大、墨西哥或其他地方的虛擬藥局購買低價藥的風潮，這是銷售場所消失效應的另一記警鐘。客戶會用他們自己的方式、自己喜歡的時間和地點，找到自己想要的東西。網路讓每一個客戶，無論你身在何處，都能用最好的價格買到自己渴求的產品，所以，又有了一個全新的行銷領域。

該是超前等值線的時候了。是時候面對崛起中的新4P了，每家公司都必須繞著這新4P建立領導風格與核心技術：

- 超額價：高出認定的價格
- 個人偏好：對公司或產品的偏好
- 支出比例：在客戶整體預算中的比例
- 恆久關係：全面的長期關係

它與舊4P不同：舊4P代表公司的抉擇與決策，驅動力源於企業的行為；新4P的動力則奠基於客戶的行為，但最終客戶與企業的原則核心將融為一體。因此，它們得以真實評量企業的整體力量，因為這個主動式的投票結果，來自於他們最珍貴的資產、那群埋單的人——業績創造者。（我總是覺得既奇怪又困擾，為何多數的企業都認為業務人員，而非客戶，才是業績創造者。）

超額價與你收取和獲得較高價格的能力有關。它彰顯該產品被客戶認為夠傑出、特殊，還有最重要的，值得他們青睞。客戶為了支應日常生活所需，得買很多種產品，但其中只有少數產品具備超額價。從客戶的角度來看，超值價格的產品不見得就表示

它與眾不同，所以客戶通常會等到產品打折時才買；另一方面，客戶為了擁有內含超額價的產品，則會選擇放棄折扣品，再次說服自己該超額價產品確有其超額價。無法讓自己的產品擁有超額價的企業，形同向下沉淪，往削減成本、價值減損、毛利降低的方向沉淪。

唯有內含超額價的產品才會讓客戶主動樂意支付此一超額。對這些蛻變成客戶至上的企業而言，這種主動的支持正是造就此評量方式舉足輕重的關鍵。

對產品和服務的個人偏好，不只是選擇產品這麼簡單。很多產品每天都被數不清的客戶選中，但這只是暫時的，等到市場上出現一個更好的選擇就無以為繼了。在借來的時間中苟活，並非企業經營之道。

真正的產品偏好會有轉介給朋友和同儕的行為，也願意在眾人面前表達對該產品的支持。當眾支持包括為其背書、媒體訪問、透過網路進行意見分享。客戶把個人信譽借給該產品，從旁協助企業的銷售，這種行動的層次更高，超越了個人財務的奉獻（支付超額價）。你怎麼知道你的產品能不能讓人產生個人偏好？不妨好好檢視你的銷售成本，看看有多少客戶是因為滿意的客戶自動轉介而來，讓你不費吹灰之力就擴大了客戶基礎。口說滿意很容易，主動轉介卻很難，因為得付諸行動。要是你的產品具有超額價，假以時日，你就會看到銷售成本下降、毛利上升。

支出比例是客戶行動的另一個重點，關乎客戶從他口袋裡掏出多少錢給你們公司。只要有競爭對手，就表示客戶口袋裡的錢可能分給好幾家廠商；這種情況通常是客戶缺乏個人偏好的一個徵兆，也不認為有哪家公司值得他付出忠誠度。假使一名客戶的預算大部分都給了同一家廠商，其他對手僅分到一小部分，就凸

顯出一種特殊承諾。每家公司都必須把自己占客戶預算的現有比例當做指標，致力於建立價值，成功與否的衡量標準就是自己占客戶預算的比重變化。

和人際關係一樣，恆久關係是最終極的衡量指標。一名客戶跟著一家廠商愈久，關係自然就愈深，他對這段關係的投資也愈多。雖然很多公司表示，他們的目標是長久、互利共享的關係，卻仍然贏不了客戶的心。原因是：企業對「恆久」這個面向的強化不足，往往導致其隨風而逝。除了首次銷售之外，企業很少費心於籌畫一個發展維護長期關係的專案。他們期待恆久關係會從天而降，希望那第一次交易的興奮感會自動延續。不料，客戶意識到自己被吃定了，於是開始尋找另一家廠商，一家願意真心服務、提供愉悅經驗的廠商。

其次，選擇短期關係的另一個原因是，企業的整體價值主張中缺乏振奮元素。企業高舉營收與利潤極大化、成本極小化的大旗將產品生命週期延長，不再進行創新改善，產品自然變得乏善可陳。提不起興趣的客戶留不長，乏善可陳的產品與服務，是一段關係被視為理所當然的另一個訊號。

恆久關係需要完善的規畫。就像在私人生活中，你不會在經營與你摯愛的人的關係時，老要同一套把戲。你也絕對不會想要以效率為本，不花心思就建立起一段長期關係。客戶的滿意門檻愈來愈高、轉檯的速度前所未見，除非你夠新鮮、夠有趣、夠不凡，才有辦法讓他們留下來。恆久與一次玩完不同，它反映了一種深度關係、長期承諾。客戶看穿你吹牛皮的速度遠比你想像的快，在客戶面前擺爛稱不上是什麼策略——不過是活在借來的時間裡罷了。

曼徹斯特聯隊（Manchester United）的客戶至上專案，是我

們所見最令人印象深刻的客戶專案。曼聯是全球最受歡迎的運動品牌之一，這支英國足球隊全世界的球迷高達5300萬人，而它的球迷對球隊表達忠誠與承諾的方式相當獨特，不只是觀賞球賽、買運動衫和球卡這麼簡單，還參與金融商品。曼聯與一家地方銀行聯手提供給球迷的服務，包括曼聯品牌的信用卡、貸款、存款戶頭等等。不過，把錢存在這個戶頭的球迷得冒點風險，他們的利率會隨著球隊的表現而變動。如果曼聯打進超級聯賽，銀行就會給予他們的存款戶頭某種利息；如果打進準決賽，利息的數額又不同。要是曼聯贏得超級聯賽或歐洲冠軍盃，球迷也得以共享榮耀，此殊榮也將反映在他們的存款戶頭上。雖然與其他產業的專案不太相同，原則卻是一致的：客戶行動，真實反映出對企業的忠誠度。感到滿意的客戶，會把他們的錢放在他們樂於向人傳誦之處，曼聯的粉絲便是明證。

選擇客戶，代表選擇發展一段關係，其關鍵不在於不得不，而是我們真心想這麼做。這是一項任務，也是客戶滿意度的一個來源。篩選適合的客戶、拒絕其他客戶，是你對第一項抉擇的承諾的關鍵測試。網羅所有願意花錢的客戶，無異於放任自己在隨興的短暫關係中；客戶很快就能夠辨識出你真正的意圖，並用同樣的方法回敬你。沒有一家企業能夠在這種隨興的短期關係裡長命百歲。不選擇，客戶會自行偵測，公司則會朝商品大眾化的方向加速沉淪。企業應該不計代價地避免落入這樣的境地。篩選符合我們發展所需的客戶，是建立客戶至上企業的關鍵步驟。

PASSIONATE

第四章

重大抉擇三

↓

何者定義了
我們的總體經驗？

& PROFITABLE

在客戶關係管理（Managing Customer Relationships）概念發展之初，某些基本假設是有問題的——該概念並非以客戶為焦點。不妨從一個簡單的問題著手：有人問過客戶他們是否想和廠商建立關係嗎？還是他們雀屏中選只因為先前的購買行為，於是被迫接受一連串的騷擾好賣給他們更多的東西？多數情況下的答案都是：從來沒人問過客戶是否樂意成為關係中的一份子，而是被視為理所當然。

此外，以客戶關係為名所開發的一長串科技玩意兒，端給客戶的向來不是雙向溝通大餐。企業很願意溝通，不過是以他們自己的方式、他們想要的語氣、他們方便的時間表；溝通的唯一目的在於創造更多的銷售，而不是建立一種更好的**雙方**關係。一種由一方主導、程度幾近威逼，且另一方幾乎不准發言的關係，究竟該算是一種什麼樣的關係呢？

或許，有人會辯稱當時以這樣的假設為前提是因為，客戶已經愛上其價值主張，該企業的產品與服務也相當完善，所以主要目標當然是創造更多的銷售量。類此滔滔雄辯暗示了這家公司根本無心改善自己的價值主張和經驗以贏得客戶，而是試圖耍弄他們的銷售戰術，賣更多的產品。

我們不妨花一點時間檢視幾個客戶至上的核心名詞：「忠誠度」、「經驗」、「關係」都是帶有情感成分的詞彙。它們代表了某種程度的承諾，凌駕邏輯與數字。客戶被要求付出忠誠時，他等於是被要求別考慮像價格一類的邏輯議題，只要一心偏好某項產品或某個廠商就行。這些核心名詞指的不是一種數字導向的組織環境，它們表彰的是絕對的承諾。如果我們想要了解客戶的期望，了解我們相對應該提供什麼，就得先了解這個事實。客戶不會把他們的忠誠度交付給派餅圖或曲線圖——企業常用的評量忠

誠法。對客戶而言很簡單，不是百事可樂（Pepsi），就是思拿多（Snapple）。談到關係、經驗等詞彙時，我們所表達出來的是，我們想要尋找一種絕對的承諾，一種超越價格的更大價值。我們希望客戶欣賞我們提供的價值，認定我們的產品，即使價格比較貴。相當貪心呢！所以，它得是個互惠過程。我們得展現出重大價值以資回報。

如果我們把自己當做客戶，不妨自問：到底什麼是忠誠度？它指的是一段能夠創造出非關財務之偏好的緊密關係。我們把情感看得比理性的價格重。忠誠度源於一段主導我們的偏好與決策的緊密關係。

緊密關係的驅動力為何？一段緊密關係的建立，肇因於**經驗**的堆疊。持續接收到正面、愉悅的經驗，可望導向緊密關係；片段、不快的經驗，則會導向膚淺關係。這種經驗無所不在，穿越企業體內的各個接觸點。每一次的經驗，都會影響到客戶的「關係戶頭」（relationship account）。存款代表一次正面、愉悅的經驗，提款則是負面經驗或被強迫推銷的結果。關係戶頭的概念，能夠讓企業更明瞭他們的客戶關係。如果我們把每一次的互動都看成是一次存款或提款，就更容易看清每一次互動與經驗的重要性。存款應該多多益善，提款則要謹慎為之。雖然很多企業都用數據來衡量經驗，但必須記住，對經驗產生最大影響力的是人，不是機器；對關係戶頭造成最大影響的經驗，將是無以倫比的。沒錯，客服中心的IVR自動語音系統也是創造經驗的一種方式，它確實接觸到了客戶，但對於關係戶頭卻幾無貢獻，而且很容易導向提款行為。

最好的經驗創造者（也是關係戶頭的存款人）就是人，人，才是提升產品與服務價值、創造個人化區隔的來源，也是強化企

業在客戶眼中認知地位的關鍵。他們使得關係戶頭的資產愈來愈雄厚，企業也得以從中提領更多。

如**圖4.1**所示，客戶策略流程分為三個層次。位於金字塔底部的是經驗，也就是橫跨各接觸點的核心價值主張。經驗決定客戶的偏好以及他願意支付的價格。其次是關係層次，也就是客戶與企業間開始建立起進一步關係。首購之後，雙方會決定是否要將此關係延展為一段需要持續經營的較長期承諾。到了忠誠度層次，雙方都已許下承諾，而且願意灌溉現有的緊密關係，確保承諾不變。當我們從這面策略流程的鏡子檢視客戶策略的本質時，許多企業的行動就變得一目了然。企業傾向把焦點放在關係和忠誠度層次，但我們的經驗顯示，問題都發生在較底層、較廣泛且基本的層次：經驗層次與價值主張。

公司的經驗在缺乏規畫與一致性的情況下，往往無法兌現原先的宣示，自然也不會有分量可觀的存款進到關係戶頭裡。本章

圖4.1　客戶策略流程

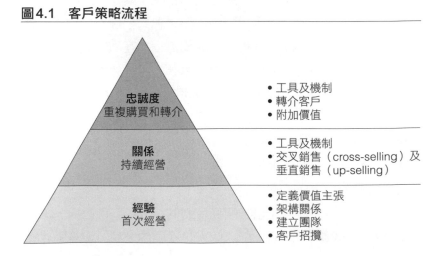

的焦點將放在經驗，因為它是搭建整個關係的地基。針對這些經驗進行適當的設計與管理，能夠導向一個緊密、互利的關係。把企業焦點帶回基本面，對建立成功的客戶策略具有重大的意義。有關客戶關係管理的發展，我們的闡述重點會放在客戶經驗管理（Customer Experience Management, CEM）。創造和傳遞經驗的決定權在企業手上，選擇是否建立關係的決定權則在客戶手上。客戶深思過所傳遞的經驗後，可以決定是否要發展關係，也可以選擇參與的深淺。而企業則可透過聚焦於其經驗、使該經驗具有獨特性，以及確保表現將超越期待等管道，影響客戶的決定。

客戶策略及客戶經驗管理的藝術

客戶經驗管理是一種聚焦於傳達整體價值主張與經驗予客戶的經營策略。這種客戶策略強調超越期望與外表的關係，將其視為區隔化、創造超額價與偏好的一個管道。有一次，某人當著美國大型購物商場諾斯壯（Nordstrom）執行長的面，稱讚該公司締造了不凡的客戶承諾成績，他不悅地表示，愛客戶不只是對他好就夠了，因為這涉及人性貪婪的本質。他說秉持客戶至上策略、提供超越期待的服務，是諾斯壯創造區隔與客戶承諾的方式。客戶策略不只是對人好一點而已，能夠洞悉這一點非常重要，它應該是一種藉著取悅客戶創造出最大營收與利潤的策略。

創造、傳達、管理超越期望的經驗事關重大。這些經驗得以越過企業內的各個接觸點直抵企業與客戶關係的核心，它們同時也是建立以新4P的其中幾項關鍵因子為本的關係的基礎。

在客戶經驗管理上易犯的一個錯誤，是認為它僅涉及質佳的客戶服務。其實客戶服務只是客戶經驗管理的一環，而且並非最

有力或影響重大的環節。在假定客戶經驗管理只涉及客服部門的前提下，其他部門都會覺得客戶經驗這件事跟自己無關。類此例證屢見不鮮，我們看過企業一心想改善服務品質，卻在其他與客戶的接觸點——如開票或發貨——上出現漏洞，導致客戶流失。客戶服務固然舉足輕重，卻非造成問題的源頭，所以，想要解決問題，自然也不應該由此下手。客戶關係本質上只是問題和症狀的一個指標，而非病因。亟思贏得客戶忠誠度的企業，必須讓他們的客戶策略滲透整個組織，而不是全部丟給客服，把他們變成最好用的代罪羔羊。

　　另一個常犯的錯誤是把客戶經驗管理當做「可有可無」的東西，是一種冠於公司效率化運作之上的昂貴裝飾，只有在其他選項都耗盡的情況下才派上用場的仙丹妙藥。客戶經驗管理不是加在現有的產品雜燴上以增添風味的調味料，也不是美化一個惹人厭的經營模式的品牌行銷。它位於價值主張的核心，它本身表彰的**就是**價值主張。它是你賣、客戶買的關鍵。它決定了你能夠訂定多高的價格，能夠擁有多長的一段關係。值此產品與服務的基本功能大眾化之快前所未見的時刻，經驗就是價值主張的核心，是以產品或服務的形式傳達給客戶的整體價值，而非單一價值。從最初的產品設計、生產品質、零售店店員，到發票、合約品質、物流人員、客服人員，無一不是客戶經驗的構成分子。一切都需要設計、監測、管理、正常發育。客戶經驗管理說的是定義你整個組織的核心技能，並領先對手發展你們的競爭力。它說的是竭盡所能愛你的客戶，讓他們找不到轉檯或考慮其他廠商的理由。

　　很多主管都把客戶關係和客戶經驗當做是一套進行客戶調查的工具，公司召開了許多次的傾聽集會。然而，把客戶承諾簡化為這些集會簡直就是侮辱客戶的智商。雖然傾聽確實很重要，但

透過調查或其他方法了解客戶心聲，只不過是客戶策略的一小部分，要是企業宣稱自己奉行客戶至上，卻只想滯留在傾聽階段，還不如不要聽，至少不會自欺欺人。

就像我們先前談過的，客戶已有極端化傾向。他們一旦意識到企業的效率化模型，以及效率至上帶來的產品與服務平凡無奇後，就會開始落跑。他們已發展出自己的一套效率化模型：折扣策略。他們並非不懂得欣賞價值，而是因為根本看不到。缺乏獨特性，自然沒有理由付出超額價，所以他們自動把價格列為首要決定因子。

企業老忘了要創造、提升價值。他們視成功為理所當然，他們希望自己最初對產品和服務的投資能夠產生最大效應，啥事也不用再做就可以坐享其成，然後眼看著它們變得無味、無色，還有——套句我們常用的專業術語——邁向成熟化與過氣。產品過氣表示公司也過氣：選擇媚俗於市場趨勢，而非創新趨勢；把焦點放在表面、看得見的改善，而非運作上重要順序的變革；自認為還有時間慢慢養大現有產品。他們的處境岌岌可危，形同等著一個全新的對手，用一種嶄新、振奮、開創性的價值主張直搗黃龍，把他們的產品趕進敝屣深淵。

圖4.2呈現的是客戶經驗管理發展與管理流程圖解，它並非表面化的交叉銷售設計，而是一種深度評估模型，開創出以價值主張為本的核心經驗與關係。此流程也把企業的各面向都考慮在內，以使客戶至上策略得以奏效。歷經發展、建立正確的組織兩個階段後，在傳遞承諾的經驗與關係時必須鉅細靡遺，目的在於確保一種全面、雙向、平等的關係。而如果想讓策略成功，重新定義是必備的流程。因為客戶和經驗並非一成不變，所以企業千萬不能沉湎於昔日的輝煌戰績；他們必須讓自己和其經驗與時並

圖4.2　客戶經驗管理流程

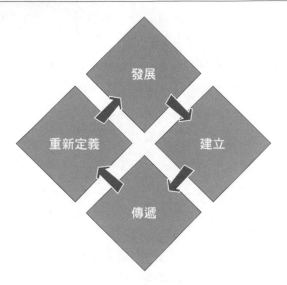

進，以便讓自己不過氣、對客戶保有吸引力。既然客戶經驗管理涉及客戶、市場與競爭對手，客戶經驗管理策略流程也應設計成一個含有多種元素的開發經營策略：

- **發展**。首先是區隔化、超越期望的經驗的發展，它與創造超額價、贏得肯定、建立恆久關係息息相關。在**發展**階段，企業必須闡明基本的個性化問題，譬如要找什麼樣的客戶、不要什麼樣的客戶。企圖優游於大眾市場，往往會沖淡經驗的質感，因為它的對象是最大多數。因此，篩選是經驗發展上的關鍵步驟。我們必須確保我們是與那些對的客戶建立起關係，他們欣賞我們設計和傳遞的豐富經驗，也樂於為此付出。發展階段還包括對客戶進行分類，我們必須針對不同客戶發展不同口味的經驗。這種差異化對待是客戶策略致勝的

另一項重要原則。對所有客戶一視同仁，無異於不在意客戶
及其需求的個別化與獨特性。

- **建立**。建立一個能夠傳遞經驗的組織非常重要。經驗存在於
  你組織裡的每個角落，人員素質、教育訓練、薪資結構都與
  組織傳遞對客戶承諾之事的能力有關。很多客戶策略的失
  敗，都是因為設計的經驗和理應給予支持的組織之間無法配
  合。由於組織內的生態會轉化為經驗，所以必須與客戶至上
  所需的步調完全一致。曖昧不明的程序會絆住想把事情做對
  的員工的步伐，而不對位的薪資方案往往也會成為絆腳石。
  至於密室思維，則是另一個由企業內部形成、導致客戶策略
  失敗常見的催化劑。

- **傳遞**。經歷過規畫良好的經驗、關係，且組織也配合改良
  後，接著就邁入傳遞階段。傳遞機制通常都不是為了和客戶
  雙向溝通而設計的，並未將客戶當做真正的夥伴，而只是將
  其視為次等參與者。唯有建立起真正的對話機制，企業才能
  真正對客戶負責、鼓動回饋、指出客戶關係上的檢視重點。
  在傳遞階段，每一家企業都有幾項關鍵性的檢視重點，通過
  了，才有辦法對客戶傳遞承諾。客戶則會仔細審視企業的真
  正意圖。只有通過檢視的企業，才能夠贏得客戶的心（還有
  荷包）。

- **重新定義**。每一個付諸執行的經驗或關係都會變動。影響這
  些關係的來源——內部的、外部的——不勝枚舉，因此需要
  好好檢視這些來源的相關性。從競爭能力與改變到客戶品味
  與可支配所得——此經驗必須經常進行重新評估以確保其不
  落潮流——依舊是深受客戶偏好、獨有的經驗。重新定義的
  流程應予以規律化，尤其是在成功階段時。在此榮耀時刻，

往往也是企業傾向削減成本、追求利潤極大化、不再創新、停滯不前的時間點，結果，只好任憑新對手開始滲透他們的市場、接收他們的客戶。

經驗迷思的解碼

經驗是企業對客戶提供之價值的綜合體。他們經歷了全部的過程，從最開始的簡介或行銷部門企畫的廣告到會計部開出的帳單，從網站到執行端的人員，企業與客戶接觸的每一個管道，都會對整體經驗產生影響，形成客戶對該企業產品與服務的整體價值。公司想到客戶時，都是看著派餅圖和曲線圖來思考，與客戶對經驗的認知和下決定的過程完全不同。我們進餐廳坐下來後，當侍者問我們要不要喝點什麼時，我們的回答不會是「234%的百事可樂、35.6%的可口可樂，其他用純品康納柳橙汁。」但公司在談論客戶及其偏好時，用的正是這種思考邏輯。而客戶的回答則是——要不百事可樂、要不可口可樂。他們的想法很直接，非黑即白；他們決定的純度也是百分之百：要不找這家廠商，要不直接找另外一家。

圖4.3說明了一些概念，如經驗、忠誠度、關係等的本質。先來看看忠誠度。我們知道它就存在客戶的腦海裡。那麼，什麼是忠誠度？忠誠度是一種關係強度的表徵，關係愈強，承諾與忠誠度也愈高。那麼，建立緊密關係的原因為何？一次性的互動無法造就緊密關係，必須是一種持續進行的過程。而關係建立的基石則是經驗，經驗愈多，關係愈緊密；正面、愉悅的經驗愈多，關係愈好；經驗的一致性愈高，愈有機會從原有關係發展出忠誠度與承諾。所以，關係是以經驗為基石建立起來的。

圖4.3　經驗之開展與創造

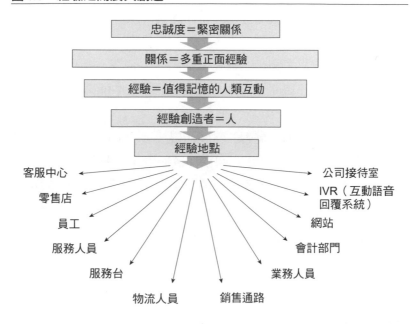

經常讓我覺得訝異的是，企業在搞不清楚建立基本經驗的來源為何的情況下，就開始推廣他們的客戶關係策略。我也很驚訝地發現，各式各樣的客戶關係專案與策略中，幾乎都沒有讓客戶說話的機會，從來不會問客戶他們是否願意發生關係。他們認定客戶理應如此，然後就硬塞給他們一大堆客製化活動，希望能創造出最多的業績。

雖然創造一個經驗的來源多如牛毛，但對經驗的品質與深度最具影響力的還是人，這一點非常重要。人，才是經驗真正的創造者。發揮人的力量最好的管道之一就是你的客服中心，當你一踏進銀行大門，就處在各式各樣的經驗來源中，如銀行的陳設、標誌、顏色、員工、辦公設備、招牌等，但最終決定經驗品質的

因素，還是在於你接收到的服務。不過，針對同一家銀行，如果你打的是免付費電話，那些圍繞在你周圍的來源便不復存在了，全部的經驗都源於單一因素：客服人員的聲音。你心裡會認為這個聲音就代表了這家銀行的聲譽、協助你的態度，以及最終你接收到的價值。這正說明了何以人在經驗的創造中能擁有舉足輕重的地位。

但經驗是動態的，擺動的幅度乃根據客戶的心情而定，可以從「棒透了」到「後會無期」！**圖4.4**說明了經驗的變動本質，及受其影響的層面，譬如記憶度與忠誠度。良好的經驗能夠化為轉介、額外銷售，帶來財務面的利多影響；不良經驗則會出現利空影響，不僅會流失業績，也可能招致壞名聲。不了解經驗的感性面向，無異於不了解客戶。企業在處理客戶經驗最常犯的錯誤是把焦點放在可有可無階段，為了盡快促成交易並結案，公司把

圖4.4　經驗的變動

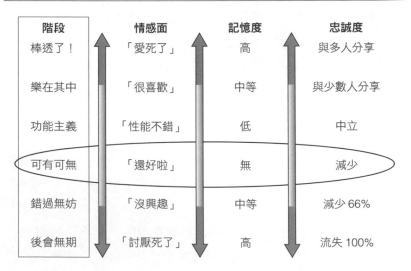

階段	情感面	記憶度	忠誠度
棒透了！	「愛死了」	高	與多人分享
樂在其中	「很喜歡」	中等	與少數人分享
功能主義	「性能不錯」	低	中立
可有可無	「還好啦」	無	減少
錯過無妨	「沒興趣」	中等	減少66%
後會無期	「討厭死了」	高	流失100%

人力都放在不會被記得的基本作業與交易面，因而在客戶忠誠度上造成負面影響。此舉形同敞開大門，把客戶拱手讓給能夠傳達更佳經驗、贏得客戶芳心與荷包的競爭對手。企業每製造一回可有可無的經驗，就等於迎對手入關搶地盤一次。要是企業無法提供客戶正面、美好的情感連結，就會讓客戶覺得了無生趣，不如另覓生機。

感性的客戶

感性，讓企業的世界很不自在。他們的想法是，既然感性難以妥善管理，也很難化作派餅圖或報告，乾脆別理它。我們引以為傲的效率至上運作模式，全是由邏輯以及可估計之事堆砌而成的，所以我們也習慣以此方式對待客戶。財務主管完全不知道該怎麼把感性放進他們的財務模型裡，因此感性便被視為最好敬而遠之的不合理行為。

然而在現實中，這種思考模式卻犯了基本的錯誤。若企業純粹依據邏輯運作，代價將相當高昂。老實說，我們非常希望在與客戶的關係中擁有感性成分。純粹理性思考的客戶，只會買最低價的商品，也不會對任何品牌付出忠誠度。與這種客戶做生意的成本很高，因為我們每一次都得透過所費不貲的促銷方案以再度「攫取」他們的注意。

在談到關係、忠誠度、經驗時，我們必須記住，這些都是感性洋溢的名詞。我們把它們從人際關係中借調出來，個人通常偏好和單一個體擁有深度的承諾關係，而不想與很多人建立起表面化關係。關係代表做了一個感性的選擇，而且謹守不渝；關係愈深，維持得愈久，承諾度也愈高。我們想要客戶與我們的產品和

服務搏的就是這種感情，我們希望他們和我們的品牌開展出一種深度、長久的承諾關係，即使它們不見得是市場上最便宜的。

不過，感性最大的問題是，它們往往存在於一種需要哺育的環境中，想**傳遞**承諾，必須先有**雙向**承諾。企業在面對感性時，有時會產生一種不自在的感覺，因而傾向於僅引燃**客戶的**情感，卻不願流露**自己的**情感。這可能是何以願意在名稱上直接訴諸感性的企業──如美國西南航空（Southwest Airlines）採用LUV（與「愛」同音）為符碼的做法──少之又少。

該是面對感性、了解它其實是一種力量而非示弱的時刻了，也該是明白即使你無法把它轉化為派餅圖，卻不表示它不存在的時刻了。關係和忠誠度必須秉持互惠原則，且你們公司必須負責促使關係的發生。

來吧，解開感性力量的枷鎖，開創出你們產品或服務的與眾不同。讓你的員工在所有客戶的經驗上增添個人的感性元素，並藉此在你客戶的心裡刻下偏好與正面經驗的印記。建立一個能夠對客戶彰顯你真摯誠意的機制，讓他們揚棄對手下一波的降價活動，繼續支持你的產品──雖然比較貴。

感性的客戶不是「奧」客；他們是那些真正在乎的客戶，他們是那些與世界分享觀點的客戶，他們是那些為你付出超額價、長伴你左右的客戶。他們通常也是為你創造利潤的客戶。你怎麼知道自己是否到達了這樣的境界？就像生命中許多重要的事情，到了，你就會知道。

你要的是哪一種經驗：四個選項

由於客戶擁有的選擇既多且廣，企業通常覺得自己已無力創

造區隔。他們認為自己能做的都做了，他們覺得自己的產品或服務已經被大眾化商品層層包圍。

圖**4.5**說明了企業在經歷大眾化挑戰與威脅的同時，也面對著四個選項機會。其一是在購買前（食物鏈前端）提升價值。舉例而言，假設你是紡織品製造商，你也許會想在服裝設計師選定布料之前就有參與機會，向他們提供你的專業知識以提升自我價值，協助他們運用適當、突出的材質以創造獨特設計。要是你走了這條路，很快就能在強敵環伺下崛起，不僅在如何篩選布料上獨占鰲頭，也能不費吹灰之力就贏得合約。協助服裝設計師選用特殊而非大眾化的材質，能夠讓你打入他們的生態系統，為**他們**創造出一種罕見的成功經驗；他們會以購買、偏好你的產品的方式回報你。

在客戶購買前提升自我價值，不僅能展現你的經驗，也達到根據客戶需求客製化的效果，而不只是從一長串的材質目錄上找

圖4.5　受困於商品大眾化的環境

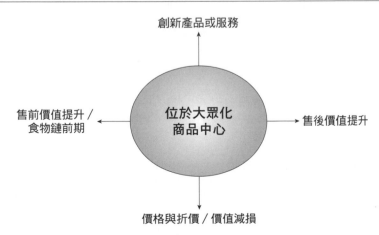

一個編號出來。你的專業知識成為區隔化的觸媒，對客戶產生了附加價值。

第二個選項是在購買後提升自我價值。強化你產品的售後或額外服務以創造區隔效應，讓客戶享有一種更全面的經驗。盡量照應到客戶所需的每個細節，讓他從其他廠商那邊體會到的價值愈少愈好。這種省時省力卻不露痕跡的整合性服務，會創造出一種客製化的經驗，它能夠讓你的客戶願意為此付出超額價、形塑其偏好。

第三個選項是創新。英國襯衫供應商Thomas Pink在構思新產品的時候，從客戶的角度想到「後一日福袋」（The Day After Package）的主意。這個福袋主要鎖定前一晚外宿而需要一件新襯衫的單身男性，包含一件襯衫、一些盥洗用品和刮鬍工具，有了這個福袋，就不會在第二天現身辦公室時招來不尋常的異樣眼光和耳語（「他昨天是不是也穿這件襯衫？」）。繞著客戶需求與日常事件做創新，是打造超額價與偏好的一種方式。享有此意外驚喜的客戶會很高興地發現，原來真的有人會為他們著想。

還有第四個──也是最懶的一個──選項：打折。很多公司因為懶，而且對外界的風吹草動相當敏感，所以很快就直接踏入這塊熟悉的地盤。這是最容易上手也最容易見效的方式，不過長期下來的成本相當高昂。

要選擇哪一種應對方式的決定權在你：你要的是什麼樣的定位？想從受困於大眾化的環境中突圍，方法很多，不過你猜也猜得到，本章的焦點會放在前三個選項。因為我們知道，要是你選的是第四條路，你自己就很清楚該怎麼做，根本用不著我們的建議。

客戶經驗分析

　　此分析的目的在於畫出你經驗的完整價值主張，並從你全部的客戶經驗，辨識其區隔化（及衍生出之超額價）特性。了解這些，能夠協助你聚焦於你客戶最欣賞的部分，並擴展其影響力，以延續他們對你的產品或服務的偏好態度。

　　這道習題是要你從客戶的角度檢視自己的產品與服務，以創造出一種促使客戶回購、消費更多的價值主張和經驗。

指示：在下表中列出你的產品或服務的特色。寫下你能想到的每一點，包括那些被認為不值一提的部分，譬如開出貨單、提供售後服務之類的。

_____

_____

_____

_____

_____

_____

指示：接著，把所有的特色依據下列條件填進**圖4.6**：

生存屬性。同業共有的基本特徵。假設你是耐吉（Nike）鞋廠，生存屬性就譬如設計、生產球鞋、銷售通路、公司網站等。這些都僅具有一種門檻意義，要是沒了這些元素，你就算不上是個球鞋生產商。客戶不會因為這些屬性而對別人說你有多棒，或付出比較高的價錢買你的東西。

圖4.6 客戶經驗分析

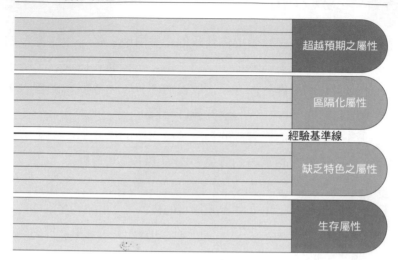

缺乏特色之屬性。此類特徵有點特別，但某些競爭對手也擁有同樣的特徵。它們通常是一些具備創新性的元素，但最終某些對手還是端得出同樣的菜色。以耐吉為例，因應不同需求而產製的不同顏色球鞋，就可被歸類為缺乏特色之屬性。在此情況下，雖然你提供給客戶售前價值，也能夠創造出一些偏好，但這些屬性終究無法打造強烈偏好、開創超額價、引發客戶崇拜。這些屬性只代表了你在競爭白熱化的氛圍中努力求生，以搶下較大的市場占有率。依據經驗法則，要是你所擁有的屬性同業也能夠提供，那麼它就是缺乏特色之屬性。

區隔化屬性。你產品獨有的創新、獨特屬性，這些屬性配得上超額價，也會讓客戶寧願捨棄比較便宜的他牌而選擇你的。耐吉的氣墊科技首度問世時便創造出超額價，因為是市場獨有的特色，而贏得客戶的想像空間（當然，還有他們的荷包）。這個區隔化

屬性持續相當長的一段時間，不過等到同業開始複製後，便降為缺乏特色之屬性。競爭對手一旦祭出類似屬性，通常都會帶來價格壓力、走上商品大眾化的路。

超越預期之屬性。一種促使客戶向別人推薦你的產品的屬性，值此階段，你的客戶會從付出超額價購買你產品的私領域，移轉至傳播福音的公領域。這些屬性讓你擁有一個集特使、促銷人員、親朋顧問三種功能於一體的人才──而且你還用不著負擔成本。這個客戶會狂熱地談論你的產品，鼓動別人遵循他的腳步使用你的產品或服務。這種屬性最難以創造和維持。耐吉的喬丹籃球鞋（Air Jordan）問世時，透過限量和超炫的設計，創造出口頭傳播的效應，賦予該產品一種「超越預期」的屬性。客戶不只花較高的價錢買它，也樂於與親朋好友分享。這些客戶自然成為該公司最具信譽、最富熱情的促銷人員。

既然你已經做完這道分析習題，我們就來看看結果吧。要是你寫下的特色，很多都位於基準線上，不妨問問自己下面幾個問題：

- 我們公司目前是真的擁有這些屬性，或只是期望中的屬性？
- 競爭對手真的都沒有這些屬性嗎？
- 這些屬性能夠創造出超額價，還是只能讓我們以同樣的價格多賣一點？
- 我們公司真的因為這些屬性而開創了更多的商機嗎？

當你自己更誠實地看待這些屬性時，或許會決定把其中幾項屬性移往經驗基準線下方。在實際情況裡，大多數企業95%的屬性都位於經驗基準線之下。客戶的雷達偵測器對這些表彰企業日

常運作與活動的屬性毫無興趣，它們並非令人振奮的經驗，只不過是一些無趣、平凡的服務和產品，注定了降價的命運。

在我們的企業客戶做這道習題時，他們總是異常驚訝地發現這個殘酷的事實：他們視為珍寶之物，在95%的客戶眼中竟不足為奇。簡言之，他們自認為的「好」不夠好，他們不過是在史上僅見極速商品大眾化的環境下積極求生罷了。對很多公司而言，這道習題能夠讓人清醒。

我們會請少數幾家擁有一些區隔化屬性的企業，明確指出他們認為這些屬性能夠維持多長時間。通常的答案是6到18個月。藉此他們也了解到，他們的競爭利基存在於借來的時間中。

創新與複製步伐的加速，導致多數以物質特色為本的區隔化因子都成為短期產物，難以成為創造長期區隔化的持續性屬性。不過許多公司仍然對物質特色本位的區隔效應堅信不渝。雖然有特色很重要，但光有特色仍不足以成事，必須高度仰賴某個關鍵因子：人。位於基準線上、具備**良好**持續效益的區隔化因子，都得靠人來驅動；靠的是在乎盡己所能的員工，在乎產品或服務創新、在乎傳達完善客戶服務的員工。

尋求永續存在之區隔化屬性的企業，必須回頭檢視自己員工的經驗，以決定如何將人力驅動屬性與他們的價值主張有效的融合。這不僅僅是那種老掉牙的某個員工大膽破除成規的故事，而是要建立一個完整的**運作**體制，廣納破除成規者。孕育、開發這樣的行為，需要一個迥異的文化與環境。

客戶經驗對照

現在，我們得來看看開發區隔化價值主張與經驗的新方法。

想達到這個目的，我們必須戴上客戶的眼鏡，從客戶的觀點看我們的產品和服務。我們也得探究客戶描述、形容他們時所用的語言。這道習題的目的在於讓你從客戶的角度審視自己的產品和服務，透過這種方法，你會驚訝地發現你的實際競爭力為何，並找出你的實質商機所在。同時，你也能夠擴展你的價值主張，思考創造一種**區隔化**價值主張的新方法。

從**圖4.7**的飯店案例我們會發現，以物質特色而言，這間飯店提供給四種客戶族群相似的價值。四個不同族群的所有客戶都花錢買空間（房間、會議室）與食物，不過，當我們檢視連結情感與期望時，卻發現有很大的差異。商務旅客在形容他們住宿的

圖4.7　客戶經驗對照表：飯店業者案例

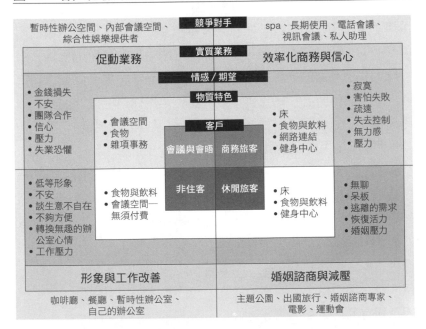

飯店特色時所用的字眼，是諸如寂寞、害怕失敗、無力感等；非住客（來飯店大廳喝杯咖啡但不在此住宿的人）描述他們的期望與情感時用的字眼，則像是方便、形象、不安等等。由此可見，這家飯店的實質業務定義變化多端，端視它服務的是何種客戶而定。

這間飯店週一至週五的營運重心在於效率化商務客層，競爭對手是私人助理業務、視訊會議、spa等業者；週末則以婚姻諮商業務為主，競爭者如海外旅遊、心理治療師、玩伴等。從物質特色角度發展業務，無法締造難忘的經驗；但若從客戶觀點、情感、期望來定義其經營，則可發現在客戶的認知中存在更廣泛的選擇，能夠發展出他們意欲擁有的情感連結與期望。為了滿足放鬆或逃離的慾望，客戶可以選擇參加音樂會、出國旅行、買電動遊戲機、去主題公園，或者就只是讀一本好書。滿足放鬆需求的選擇眾多，不只是待在一間能夠暫離塵囂的飯店，此類飯店必須與許多的鬆弛身心業者競爭，不能只把眼光放在隔壁的飯店。這種放大競爭範圍的思維能夠激盪出一些新想法，思考如何重新定義你的經驗以與客戶的思維一致，而不是用你自己設定的經營焦點來運作。思維同步，就能夠傳遞出具備超額價的服務與產品，讓你們的存在提升至經驗基準線之上。

同時，我們從族群分類也可窺出隱藏在背後的價值；若站在設備思維角度是看不到這些的。如果這間飯店對其經營範疇的認知只限於空間和食品市場，顯然就會錯失滿足不同客戶不同需求的商機。他們將會錯失提供中小型企業或無聊夫妻更佳服務的機會，這些人雖然經常光顧這間飯店，迎接他們的卻是千篇一律、無法符合他們需求的服務。最終，他們的造訪頻率會日益下滑，因為所有的選擇都不夠好。

圖4.8　客戶經驗對照表

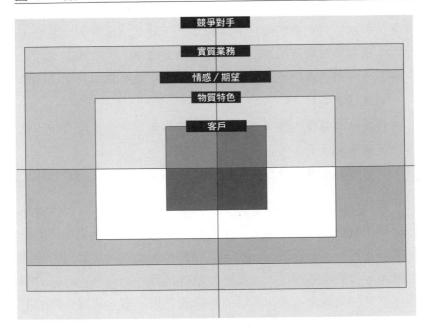

指示：遵循圖4.7案例，依照下列指示將答案寫在對照圖空格上：

1. 在「客戶」方塊內，各寫下一個你們公司尋求的客戶族群。

2. 在「物質特色」方塊內，各寫下你賣給該族群的產品或服務。

3. 接著自問：「我的產品或服務所連結的情感和期望為何？」然後把你的答案寫在「情感／期望」方塊內。

4. 根據你觀察自己產品或服務在滿足客戶情感需求或慾望上的程度，問問你自己：「從客戶的觀點來看，我的實質業務為何？」然後把答案寫在「實質業務」方塊內。

5. 最後，自問：「除了我的產品，客戶在類似功能上的其他選項為何？從客戶的觀點來看，誰是我的競爭對手？」然後把答案寫在「競爭對手」方塊內。

做完這道習題後，也許你可以得出幾個結論：

- 如果以不同的角度看待不同的客戶，就能為客戶創造更好、更適合的經驗，而不至於卡在大眾市場中。
- 奠基於情感與期望的客製化服務，可望讓你與客戶間的連結和溝通更順暢。
- 跨越自我圍限，擁有更多機會得以傳遞客戶更多的價值（還能夠為此收費）。
- 從客戶的角度審視自己，能夠開啟其他服務層面的新想法。

想想你剛剛定義的競爭對手，你還能夠從他們的世界或產品設計中借鏡什麼——再加上你原有的——以締造競爭利基？由於你與競爭對手用的都是同一套營運邏輯，因此只能看看別人身上有無可資啟發或應用之處。既然你已經從客戶的角度定義你的業務，自然能夠借鏡被某個市場視為常識之事，將之運用到**你的**市場來，以創造出一種破格策略。

說不定你會希望能跟朋友和客戶再做一次這兩道習題，以確保你確實抓住客戶的完整觀點。此舉將有助於你辨識取悅客戶的新商機，協助你創造出難忘的經驗，產生**棒透了**效應、正面記憶價值，以及業務上的廣大回響。總之，一切的一切都在於經驗。

經驗再造原則

⊙ 雙重手法

想再造客戶經驗，你必須順著兩條平行線行事。第一條是了解、對照、修正你的現有經驗及其成分。此舉可確保紮穩根基，而其間所需的想像與驚喜因子，也就是第二條平行線，則能夠為

經驗添加一種全新的感受，讓你的客戶驚豔、高興。缺乏正確的
根基，任何驚喜因子都起不了作用；而缺乏驚喜因子，則會讓經
驗顯得普普。記得，普普無法創造出超額價或偏好。一個成功步
驟造就下一個成功步驟，才得以締造一種具有影響力的客戶整體
經驗。

　　在擬定客戶至上策略時，為何雙重手法是必備要件，**圖4.9**
說明得相當清晰。圖說詳述了這種由下而上的手法，包括流程鴻
溝、抱怨解決流程，一路向上發展至頂層——經驗與關係下一階
段的再設計與再想像。

圖4.9　再造階段

⊙再造階段

完成前面的任務後，必須採行以下步驟才能夠發揮圖4.9的雙重手法效應：

步驟一：接觸點分析。 經驗再造的第一步接觸點分析，是將客戶接觸到的──直接或間接──公司的各個層面都組合起來，從產品到服務人員、銷售通路、網站，各個接觸點都會對整體經驗產生正面或負面貢獻。每個接觸點都必須記下來、定義清楚，以確認其對整體經驗的貢獻。

步驟二：客戶研究。 客戶研究的重點在於了解客戶對各接觸點的想法，請客戶把他們按照重要性、改善需求與整體條件進行排列。我們建議你也對員工做個類似的研究。我們的經驗顯示，員工和客戶在認知上產生鴻溝是「必然」的。這些鴻溝會導致員工方向錯誤、客戶沮喪不滿。

步驟三：重新排序、填補鴻溝。 不同的接觸點都必須經過再造，才能夠創造出客戶認為是重點的經驗。填補鴻溝的過程，是為了確保我們傳遞的訊息是根據客戶的期望需求，而非我們自己的。有了這個將流程與經驗完善化的過程，才能打造出一個無縫系統。值此階段，你也許得重新設計部分流程，需要某些新工具以便用全觀點看清客戶，並增添某些學習模組好讓員工明白你的目標。

步驟四：解決架構扁平化。 為了確保客戶與我們合作無間，必須把他們的期望也加進你的再造流程。重新檢視你的抱怨與期望解決流程，確保它會是一個「一通電話，通通搞定」的解決模式。意思是，第一個接到抱怨的人，就能夠了解問題並立即處理完畢。

步驟五：人際接觸。讓你的員工把他們的個人情感加入經驗中是必備的一環。記住，人際接觸才是創造與客戶之間情感連結的要件，此種連結可望轉化為強烈的偏好與忠誠度。相信你從客戶經驗分析中已看出，「人」才是經驗中真正擁有強勁延續力的元素。任何產品特色最終都會被對手趕上，然而，人際接觸卻是獨一無二的，因其內含誠信與個人化。

步驟六：價值視覺化。雖然截至目前為止，你尚未完成什麼豐功偉業，但仍然得確保擁有某些特殊工具，好讓客戶能夠看到你推動流程與經驗完善化的努力。確保客戶看到你傳遞的價值是你的責任，不是客戶的。許多企業都通不過這項考驗，因此也無法贏得客戶的心與荷包。

步驟七：意外驚喜。做些並非客戶期望中的事。大方點，讓你的客戶感受到此經驗只是建造長期關係的一塊磚頭。給他們一些超乎預期之事，永遠記得在你的經驗中加入驚喜因子，你的客戶會因此受寵若驚，並銘記於心。

步驟八：打造下一步。持續動腦想想你還能為客戶做什麼。千萬不要懈怠。看看圖4.8的客戶經驗圖表，將客戶情感與期望灌注其中，從那個角度設計你的經驗。如果你徹底了解客戶對你實質業務的想法，就能夠從一種新的觀點審視你自己的營運，思考還能做些什麼以創造區隔與偏好。透過檢視客戶經驗圖表的競爭對手名單，你可以發現你的客戶還會把他的錢鎖定在其他什麼目標上——不是那些與你正面交鋒的競爭對手，而是那些得以傳遞類似情感的業者。一旦你看透了這些，就能夠辨識那些對手，然後從他們的產業中偷些點子，放到你的產業來執行。那些點子在他們的產業中可能是習以為常之事，但移到你的產業後可能就會發展成一項競爭利基，因為此乃首創。

權力移轉：轉換大不易

幾年前，企業權力和價值主張的能量皆集中在總部，僅由幾位精選的主管向大家陳述產品的客戶價值主張，而企業內其他人都是被告知要表現得像個被總部選中的價值主張的傳遞者。客戶在整張圖上的角色只是付錢、謝謝光臨。價值的權力被鎖在少數幾位掌管整個食物鏈的領導階層的箱子裡。然而，網路的興起，稀釋了他們的權力，使之發生改變。現在，客戶把價值與他們從人那邊接收到的**服務**連結在一起。他們付出超額價的根源在於，從熱誠的員工那裡獲得了較佳的經驗。這表示權力從企業總部轉到街上的專員。這些專員可能是業務人員、客服人員或交易商。如今他們才是手握價值主張權力者。企業的價值主張與客戶結合後的版圖，已蛻變成專員、客戶、總部三者共享權力，並且「共同」定義價值主張。

然而，很多公司都拒絕接受這種權力的轉換，也不願付諸實踐。他們通常會試著用老規則主導這場秀，希望用一些粉飾手段就能應付過去，還希望客戶不會注意到。那種「執行長不如年薪兩萬五千美元客服人員重要」的觀念，對他們起不了什麼作用。但是，權力確實開始產生變化了。在現實中，客戶永遠見不到執行長，所以執行長對他而言毫無意義。讓客戶下決定或能夠為他們提供協助的，是那些位在店裡或客服中心的人，客戶的忠誠是針對他們而來的。商店品牌成功地與全國品牌抗衡，便是這種轉換的明證。

商店品牌，像是從好市多（Costco）——或其他商店——衍生出來的Kirkland自有品牌打敗了全國品牌、開始搶占市場，不是因為它們比較便宜，而是因為客戶能夠把價值與服務他們的人

——剛好是個好市多的員工——連結起來。他們有人在現場服務客戶，所以客戶會把所有的接觸結合起來，視之為一個完整的經驗——一個屬於好市多的經驗。如果那個整體經驗感覺不錯，客戶就會選擇這個好市多品牌，而非全國品牌——一個他從來沒享受過任何額外價值或服務的品牌。好市多有人在店鋪現場，而寶鹼（Procter & Gamble）沒有，這就使得經驗產生了差異。

企業勢必得採納這種新的權力配置，他們別無選擇，因為發話人是客戶。不願接受現實不會讓你的組織變得更具競爭力，同時還使你跟不上客戶的需求。整體價值的創造者，如今已經是主管、專員、客戶三分天下。問題已經不在於如何避免這樣的轉變——雖然很多企業還妄想做困獸之鬥；真正需要思考的問題在於，如何正確共享此一權力、如何請客入甕，讓他們樂於做公司的傳道者。

什麼是你的核心經驗？

當你與客戶連結，想用他們的眼睛看世界時，會發現你自己每天錯失了多少商機。你可以很輕易地脫離商品大眾化的老鼠賽跑，不過前提必須是，你已經開始創造、傳遞令人愉悅的經驗。

⊙星巴克：一個提供咖啡服務的人的事業

雖然很多餐廳都賣咖啡，但星巴克（Starbucks）的每一杯咖啡卻能夠要價較高，因為它聚焦於個人化服務與提高質感，贏得了客戶的讚賞；質感，促使他們願意付出超額價。該公司對其事業的定義，並非一個服務人群的咖啡供應商，而是一個提供咖啡服務的人的事業。他們的身分識別與關鍵區隔元素，並非只在語

意學上做文章。星巴克的成功，源於提供非常多樣化的選項，讓客戶能夠客製化他們自己的咖啡。

多樣化的選項只是第一步，一旦與個人化服務相結合，就能夠贏得客戶的忠誠度。經常光顧同一家星巴克分店的客戶，通常都樂於享受那裡的員工記得他們的個人喜好也記得他們的名字。事實上，當星巴克開始竄紅之際，瞄準其客戶群的新競爭者源源不絕地進入市場，開始高舉著「咖啡經驗」的標語，提供給非常小群的客戶更好的經驗；雖是小眾，熱中度卻非常高，也願意支付超額價。

為了強化這些經驗，該公司雇用大批人員。他們把焦點放在員工身上，提供額外福利，譬如提供兼職人員健保，以確保他們能夠按照計畫，確實傳遞所承諾的經驗。星巴克的重點在於締造了一個適合該經驗的組織，並以此聞名。

星巴克的客戶對他們的回報不只是偏好星巴克。此連鎖店前不久發行了一張咖啡卡，認購客戶超過700萬人。客戶的承諾已到達一種不僅樂於買咖啡，還願意透過這張卡**預先**消費的程度。這無疑是對這家創造客戶至上經驗的公司的信任投票。

「銀行把錢變得可怕、複雜又無趣。在跟客戶對談之後，我們不禁對自己的唯我獨尊、盛氣凌人感到愧疚。多數的銀行都是用這樣的態度對待客戶和他們的錢。」以上節錄自一家英國零售銀行阿比國民銀行（Abbey National）的新聞稿，說這段話的是該銀行的執行長魯門・阿諾（Luqman Arnold）。這篇新聞稿講的是這家銀行新提出的客戶經驗專案，重點在於聚焦核心客戶及革新銀行經驗。這位執行長的談話語氣謙遜、發人深省。不過實際情況似乎有所落差。阿比以往的業務太過多元，致使核心客戶反而遭到冷落。此外，該銀行把焦點放在討好股票市場的短期成效

上，喪失了與其核心份子——零售客戶——的交集。這項新客戶
專案的目的就在於轉變此情況，以與核心客戶擁有更多的交集。

阿比國民銀行的競爭對手西敏寺銀行（NatWest）也推出類
似的經驗企畫案。該公司新的廣告活動端出新色系與新標語，但
除此之外，毫無新意。西敏寺銀行不過將該客戶經驗企畫視為一
個美容專案罷了，並無意從根本上做任何營運或核心價值主張的
改變。他們希望這個新的廣告活動能夠粉飾一切，而客戶也不會
發現。不料才第一個星期客戶就發現了，西敏寺的廣告引發客戶
的批判，聲名狼籍。原因很簡單：該銀行落入一個陷阱，以為類
似的廣告活動能夠粉飾缺乏本質與價值的經驗。無論是在分行端
或銀行的網站，都沒有絲毫如這項新專案所宣稱的改變。這是一
種常見的錯誤，通常是由企圖創造新一波業績高峰的廣告公司主
導，他們賣給他們的客戶速效化妝品，以修飾策略或運作上的問
題。

以阿比國民銀行的例子而言，他們不僅在流程上把名字簡化
為阿比，也改了圖徽和標語，成功的機會自然升高，因為他們深
入檢視自己作業的底層，做了一些重要的變革，以創造新的整體
經驗。這些變革包括：

- 採用易懂的新術語代替舊行話。
- 重新設計溝通模式與語言
- 一種全新的溝通活動
- 一年6萬個額外訓練日
- 另聘600位專人直接服務客戶

「我們展開了一項革新運動，目標在於讓錢普及化：協助每
個人（而非擁有特權的少數人）運用自己的錢。某種層次而言，

這其實只是回歸到我們的根本業務。阿比崛起於建設的世代，是以協助一般人購買土地以取得投票權為宗旨，因為當時只有土地擁有者才有投票權。」（節錄自前述同一篇新聞稿）阿比較其對手西敏寺銀行的勝算高；很可惜它**直到**花費超過1000億美元在非核心資產上，才發現這個需要根本改變的事實；專注於貸款、存款與投資等非核心資產，導致它疏忽了發跡時的核心客戶。

記得，經驗不是灑在我們的產品和服務上「可有可無」的胡椒粉，也不是個配合新廣告或品牌活動的裝飾。要是你選擇走這樣的路，客戶會發現你吹牛皮。經驗不是提升季營收的另一個專案；經驗是你的行動與身分的核心，它是你的事業、產品與人力的獨特表徵。如果做得好、能夠取悅客戶，經驗會是大家願意為你的產品付超額價、偏好你的品牌，並與你的公司發展長期關係的關鍵因素。絕佳的經驗與你的上限**和**底線息息相關，它們能夠造就你不只在這場戰爭遊戲中存活，還贏得勝利。

在關係中，你的經驗只是你能夠掌控的一部分。你無法替客戶決定他想不想與你發展關係——這是客戶自己的決定。不過你可以把最佳經驗擺出來以吸引客戶的注意，網羅他進到這個關係裡。這樣的經驗取決於你。你所下的決定，就是你發展的本質。你想要持續在商品大眾化的漩渦裡打轉，不斷尋找新方法刪減成本？或者希望藉由持續提供更好的價值給客戶，以讓事業蒸蒸日上？這**正是**一個經驗的抉擇。

PASSIONATE

第 五 章

重大抉擇四

&

我們應該
放棄哪些客戶？

PROFITABLE

　　談到商業關係，似乎「關係」這個詞的含意就被扭曲了，常識也不再適用。在人際關係中，我們很清楚如果與愈多人交朋友，投資在關係中的時間就愈少。因此，我們跟不同的人發展不同形式的關係。

　　有些人我們一輩子也不與他們交流，因為道不同不相為謀。我們很容易被這些人惹毛，感覺上就像是我們跟他們之間的電極互斥，與他們發展出來的關係只會帶來互憎、挫折、浪費時間，甚至是失金——或者更可怕。另一方面，有些人我們可以和他們聊上幾句無關痛癢的應酬話，譬如天氣、運動、政治等，不過話題通常不涉及個人。我們跟這些普通朋友的關係延續不了多久，通常只是因為碰上了就聊幾句，這種關係很容易被取代。接下來的，才是真正的朋友，這些是我們樂於與其分享私人情感、承諾實質關係的人，猶如終生夥伴。這些朋友為數不多，但投注的時間和情感承諾十分可觀。最後，則是我們的摯愛，這些人對我們而言意義匪淺，此種奠基於承諾的關係最有可能天長地久。

　　關係原則相當簡單：關係愈深，能夠經營的人數愈少；關係愈淺薄，能夠顧及的人數愈多。時間、資源、整體投資與關係的品質、長短息息相關，無心投入，就別妄想能夠建立起深厚、長久的關係。

　　然而，一轉到商業關係時，似乎就忘了這個基本常識——至少領導階層都寧願相信不必應用這種方式。典型商業關係的邏輯是這樣推演的：只要他願意付錢，我們就得以與其建立起深度長久的關係。任何願意支付我們的價格（或接近我們的定價）者，就是願意發展深遠關係的候選對象。這是一種一廂情願的想法，大多數的客戶並不是這麼想的。事實上，這種自以為是的態度反而會趕跑客戶。他們知道，關係不是隨便與任何人都能建立起來

的。客戶學到的是，企圖吸引每個人的關係，到頭來吸引不了任何人。

我常說企業來自火星、客戶來自金星。企業對關係的詮釋是迅速達成、交易性質、有利可圖；客戶卻要等找到長期承諾後，才願意打開荷包、交出忠誠。企業所謂的長期，指的是客戶對企業的承諾，而不是他們自己的。被接二連三的失望教得愈來愈懂得在不疑處有疑的客戶，如今變得清醒了、挑剔了。這個衝突的面向，我們在前面章節已經談過。

如果對參與者不加挑選、對關係缺乏投資，便不可能發展出長期關係、創造任何偏好或超額價。不過企業仍然堅信他們能夠一邊接觸廣大群眾，一邊建立起親密、忠誠的關係。他們能夠透過大眾媒體對成千上萬的人做廣告這件事，讓很多老闆無視於關係中非常基礎的原則。他們滿心以為能夠把每一個接觸到訊息的人，都變成擁有深度承諾、恆久關係的客戶。

我們不妨從另一個角度審視這個議題。對廣大群眾產生吸引力、讓大眾掏腰包的產品，都擁有一些共同性：

- 它們到處都買得到。
- 它們是許多競爭對手都能夠生產的產品。
- 某種層次而言，它們比較便宜。
- 忠誠度和它們扯不上關係。
- 無論何種消費者，買它們的態度都一樣。
- 它們是商品大眾化的象徵。

從空氣到水到食物，共享的人愈多，你能從客戶處得到的忠誠度、超值度與偏好度愈低。紙、筆、大眾運輸工具、衛生紙、電力、下水道則是極度大眾化、共用產品與服務的另一明證，客

戶僅將其視為基本必需品，據此連結的也僅及於商業價值。

廣泛使用的產品與服務，往往面對著白熱化的競爭與加速商品大眾化，此乃市場的定律。如果是以大眾市場為訴求，就脫不開以接觸最大多數客戶為本的最低價桎梏。唾手可得勢必降低產品或服務的價值認知，促使價格和客戶承諾都打折。客戶會認為此類產品和服務的替代性高，因此不想對任何供應商付出承諾。超額價或恆久關係的前提，是非大眾市場經營模型下的產物，兩者無法並存。

生活中的基本原則如此清晰，不懂為何企業仍然有一種「客戶愈多愈好」的文化迷思，在關係的發展上不經絲毫篩選。

篩選抉擇是客戶策略與客戶關係的基石。事實上，我們的客戶經驗管理研究顯示：42%的受訪者聲稱，只要客戶願意付錢，他們公司就會照單全收；B2B與服務業的比例更分別高達72%與69%。這是一記警鐘，尤其是像商業服務與B2B這種對關係倚賴度甚深的產業。

不知道該捨棄哪些客戶，你就發展不出合宜的關係。你的關係僅止於每個願意付錢的客戶，其中有些人總是要等到打折才出手，對原始售價沒興趣。因此你的關係會停留在那些從來就沒欣賞過你的價值主張的客戶，他們也許會因為某個銷售人員的強銷或跳樓大拍賣而買，基本上卻決不會和你們公司建立關係。你的價值主張與價格以及他們的觀點和期望，兩者之間毫無交集。

所以，這些客戶肯定很容易覺得不滿。這種不滿很快就會轉化成一種需要持續性服務與注意的需求，逐步耗盡你的資源。這種需求會迫使你把資源花在不欣賞你的客戶身上，讓你無力服務那些與你們公司價值主張和經驗契合的客戶。你應捨棄的客戶也會影響到你的底線，因為贏得他們、維護他們的成本相對較高。

另一個對底線的影響是，會損害適合客戶的權益，因為他們並未接收到與他們付出的價格相等的應有服務。結果，這些客戶很可能轉而投向其他廠商的懷抱，導致你的業績受損。

當我們問企業主管他們捨棄的是什麼樣的客戶時，他們的回答通常是「那些沒錢的人」。這種簡化原則是標準的要嘴皮子，彰顯出在這項議題上缺乏實質內涵。它將使業務人員無所適從，只好跟所有人接觸。業務人員追著許多無意願的客戶跑，用手段和折扣迫使他們成為公司客戶群中的一員。實際情況是，他們把那些比較適合由競爭對手服務的客戶納入自己的版圖以擴大客戶基礎。想想看：要是你知道某個客戶無利可圖，你會不會寧願他是在對手陣營裡？讓他去侵蝕對手的毛利和資源，然後你就能完全聚焦於有利可圖的客戶。

尋求建立永續發展、有利可圖關係的企業，必須面對此重大抉擇，並清楚定義哪些客戶是你們不想往來的。如果不能做出決定，勢必會打造出許多地基不穩的關係。與不適客戶建立關係不僅服務成本高昂，也會讓適合客戶心生不悅，因為他享受不到應有的服務。不回應這項重大抉擇，將使得企業冒著與不適客戶做生意以及得罪適合客戶的雙重風險。

客戶篩選原則

建立一個以互惠和欣賞為基礎的企業—客戶關係，對客戶造就的利潤與長久效應非常重要。大眾行銷的運作原則是把同種商品盡其所能地銷售給廣大群眾。大眾行銷的操作重點就在量：量愈大利潤愈高，別無二話，客製化和個人化與它的出發點不符，也不是他們想要的。大眾行銷致力於接觸所有能接觸到的人，並

企圖說服他們需要某項產品或服務；該產品或服務與競爭對手推出的並無二致，所以在客戶的眼中，也沒有所謂的獨特性、個人化價值，客戶自然很快就轉向打折商品。這是企業以經濟效益角度看待關係的自然反應，客戶只不過是依樣畫葫蘆。

不過，客戶至上策略的前提是，認為每位客戶都是獨一無二的。它的基本承諾是超越產品的個人化或客製化經驗，而且能創造出以客戶角度認知的區隔化。客戶至上的企業樂於承受與個人化和獨特經驗相關的額外投資，深知適合客戶賞識它、也願意為此付出代價。因此，他們鎖定的目標是那些最賞識他們、也樂於為他們的特殊產品或服務支付超額價的客戶。

企圖吸引大眾市場——以極大化營收為名——導致許多公司把他們產品的目標，鎖定在一大群根本不適合用他們產品的客戶身上。這些客戶，因為與這種商品天生不合，所以既不高興也不滿意，即使他們接收到的服務水準遠高於他們支付的價格。

篩選適合我們的客戶、捨棄不適合的客戶，是與對的客戶建立關係的基石。

⊙三星：棘手的抉擇

三星（Samsung）的董事長和執行長李健熙（Kun-Hee Lee）決定擺脫公司產品舊印象、聚焦於創新和設計時，面對著一項棘手抉擇。只要他的產品擺在量販店的櫃子上，就不會有超額價，也不會有人賞識。他下了一個決定，決意捨棄折扣量販店通路以提升產品的毛利率。三星把他們的產品撤出沃爾瑪（Wal-Mart）和Target，轉而把焦點放在高檔商店上。要是不曾跨出這勇氣十足的一步，三星的產品永遠沒機會躋身高檔市場。李先生深知一旦從沃爾瑪和Target（不想要的客戶群）撤櫃，資源就會獲得解

放，也讓三星擁有取悅、服務他們想要的核心客戶的空間。他的決定值回了票價，產品不僅獲得肯定，售價與利潤也聯袂提升：2003年，三星的營業額達到369億美元。

記取其策略，企業都應該定義清楚想要和不想要的客戶的關鍵因子，這樣的定義，能為行銷和業務部門在網羅潛在客戶與篩選潛在客戶時點亮一盞明燈。不符合這些原則的客戶就得捨棄，因為他們不只代表一種潛藏的虧損可能性，也潛藏了損及其他客戶的可能性。

要是你知道每個不適客戶的成本高達2,500美元，還會想請一個業務員花1,000美元的旅費，長途跋涉完成這個交易嗎？肯定不會。企業覺得做不做這個重大抉擇影響不大的一個原因是，他們不清楚花在客戶身上的服務與處理抱怨的成本有多高、對利潤的侵蝕有多甚。他們無法定義不要什麼樣的客戶，是因為他們缺乏基本的資訊。沒有這樣的資訊，他們只好繼續援用「大池塘撈魚」法則，假定一個客戶造成的損失可以由另一個客戶的利潤弭平。所以，他們認為自己不需要管理每個客戶創造的利潤度，也用不著知道錢是從哪邊漏掉的。事實上，這種大池塘撈魚法則是導致你的錢變少的癥結，因為那些為你帶進利潤的客戶感受不到你原先承諾的服務與經驗。它也會讓你財庫失血，因為那些應該屬於敵營、可望讓對手蝕本的客戶卻待在你們家。

定義想要與不想要客戶的核心在於，建立財務指標、分析客戶成本，包括年度與終生價值。他們是下此重大決定的工具。

想要和不想要的客戶特性

與你們組織的價值主張、產品、服務最契合的客戶是什麼樣

子？

　　選擇一個目標客戶群，試著描繪你想要的客戶原型，愈詳細愈好。在做這道習題時，避免與其他不同的客戶群混淆，只要全心聚焦於一個客戶群，盡量明確、仔細。作答時，不妨參考下列B2C與B2B族群的特質分類：

B2C	**B2B**
收入狀況	公司規模
人口結構	整體預算
嗜好	全球佈局
用過的產品／服務中較欣賞哪一樣	公司毛利
社會背景	產品角色
家庭狀況	產品臨界度
職業	與廠商往來狀況
喜好的電視節目	預期關係長度
喜好的戶外活動	創新者或跟隨者
服務成本	服務成本
年度價值	年度價值
終生價值	終生價值
銷售成本	銷售成本
成長機會	成長機會

我們想要的客戶是：_____

_____

_____

_____

　　你所描繪的想要的客戶原型很普通嗎？有非常多人或太少人符合此敘述嗎？你能夠就此歸納出不想要的客戶的條件嗎？你有評量標準以辨別這些客戶嗎？你應該用這些問題確保你上面的習題夠完整。

　　與你們組織的價值主張不合的客戶又是什麼樣子？選擇一個不適合的目標客戶群，試著描繪你不想要的客戶的原型，愈詳細愈好。同樣地，請參考前述B2C與B2B族群的特質分類。

我們不適合的客戶是：＿＿＿＿＿＿＿＿＿＿＿＿＿＿＿＿＿＿＿

＿＿＿＿＿＿＿＿＿＿＿＿＿＿＿＿＿＿＿＿＿＿＿＿＿＿＿＿＿＿

＿＿＿＿＿＿＿＿＿＿＿＿＿＿＿＿＿＿＿＿＿＿＿＿＿＿＿＿＿＿

＿＿＿＿＿＿＿＿＿＿＿＿＿＿＿＿＿＿＿＿＿＿＿＿＿＿＿＿＿＿

＿＿＿＿＿＿＿＿＿＿＿＿＿＿＿＿＿＿＿＿＿＿＿＿＿＿＿＿＿＿

　　你所描述的原型條件對業務人員而言夠清楚嗎？它只剔除了很小一部分的客戶，還是能夠明白指出那一群顯然與你們的價值主張與定價政策不符的人？在你們現有的客戶基礎中，你能夠辨識出有多少客戶符合你描繪的樣子嗎？他們又是怎麼變成你們的客戶的？

⊙ 先進汽車保險：聚焦的力量

　　先進汽車保險（Progressive Auto Insurance）執行長彼得・路易斯（Peter Lewis），用別人不要的保險客戶——高風險駕駛人——建造起自己的事業王國。先進服務的對象不是所有駕駛人，而是定義非常清楚的高風險駕駛族群。該公司為這個族群創造出一種特殊服務，因而得以就此區隔化服務訂出超額價。

先進知道自己想要什麼樣的客戶，不要什麼樣的，故而打造出一個財務健全、利潤可觀的企業。

客戶角色：關係的藍圖

客戶在企業中的角色為何？許多被問到這個問題的主管都會說：「買我們產品的人。」但買多少？什麼樣的毛利水準？持續多久？你還希望客戶能夠為你做什麼其他的事？這些問題通常都會讓這些主管在座位上扭動一下身軀，可惜得到的答案往往不比原來的高明，同樣模糊。

缺乏客戶角色定義是聚焦產品型企業的第一個徵兆。對於想要的客戶群沒有詳細、可資評量的定義，導致企業注定錯失許多額外的商機。客戶角色是關係定義中的另一個面向，想要讓關係的潛力發揮到極致，必須篩選出正確客戶、捨棄錯誤客戶、了解你對這些客戶的期望。在關係的發展上，客戶角色提供詳盡、可資評量的原則，也為關係設定了基礎；同時，它也能確保關係往極大化發展，不致錯過任何商機。篩選流程自然會衍生出此客戶角色定義的追蹤步驟，它能讓企業本身與想要的客戶之間關係的發展潛能極大化，這種極致效應能夠彌補因少掉不適客戶而產生的損失。此初步篩選流程也能確保企業釋放出更多可用的資源，以全心經營所欲的關係，使之盡情揮灑。

客戶角色是關係的藍圖，對行銷、業務與客服部門具有導引功能。行銷部門應該擬定一個能夠為客戶提供價值的完整計畫，此一計畫應涵蓋關係中的所有面向，包括交叉銷售、垂直銷售、長期銷售規畫。在推動蒐集潛在客戶名單的活動時，行銷部門應把焦點放在適合客戶身上，放棄那些公司不想要的，同時也應該

預先設定對客戶的正確期望。此外，行銷部門應該運用客戶角色的定義，與客戶共同建立起可以做為其角色與責任參考的成功事蹟。

業務部門應該用此定義清晰的里程碑，在達成與客戶共創價值成果的前提之下，把精力放在建立長期關係上，發展額外業務（所謂「價值成果」是客戶實踐他投資在你產品或服務上的整體價值）。如果把焦點放在長期，業務部門自然不會在做成第一筆生意後就放牛吃草，或把客戶直接轉手給比較低階的業務人員。對的業務員會致力於長期經營，讓長期商機發揮極致效應。客戶角色能夠確保業務人員將關係潛能極大化，不只著眼於首購，更在乎長期發展。

至於客服人員，客戶角色的定義也極具參考價值。從辨識交叉銷售、垂直銷售的對象，到說服其轉介，客服人員都得回歸到客戶的角色與生命週期。不過以他們的功能而言，最重要的是確保客戶實踐價值成果，以便落實進一步的關係。

想想看，如果既缺乏篩選條件又未對客戶角色加以定義，會發生什麼事。每天，上千的業務大軍不斷追著生意跑，卻不知道到底是好還是不好的生意。（說實話，他們並不在乎，因為他們的薪資是以新業務的開發為主，品質好壞不干他們的事。）他們帶進新業務時，通常都會得到優渥的獎金。每天，企業都為這些新成交的客戶支付獎金，雖然他們說不定根本無利可圖。每一筆現在發出去的獎金，都讓未來的損失更嚴重！此外，由於未定義客戶角色，企業只能從關係潛能極大化的效益中分得一小杯羹。由於企業把錢都花在流程上，自然無法促動潛能，致使其業務投資的回報相當低。企業將因未定義客戶角色，而飽嘗無利可圖的客戶所帶來的損失，難以落實關係潛能的極大化。

客戶職掌：讓他幫你工作

想像一下客戶幫你工作的情景。和員工一樣，客戶也能做你告訴他該做的事，並據以評量。想像一下你可以對他指派角色、任務，完成你期望他做的事，這是你對關係之期望的定義重點。然而，出乎我們意料地，這麼重要的面向，卻在客戶關係中遭到忽略且未加以定義。

用**表5.1**協助你完成客戶職掌規畫。這道習題非常重要，因為要是不能詳述對客戶的期望，就無法建立一個達成該期望成果的營運計畫。機會或許會迎面而來，我們卻將與其失之交臂，因為未經規畫。我們都想帶進有利潤、長期往來的客戶，但轉換成數字後，它到底代表什麼？這就是這道習題的目的。想想看假設客戶為你工作的話，客戶的職掌會是什麼內容？在你詳細寫下你

表5.1　客戶職掌

客戶應該 _____

_____

責任	評量方式	評語

的期望與評量方式時，不妨想想下面幾個問題：

- 這段關係的長度？
- 你希望他買多少次？
- 這些購買行為的貨幣價值為何？
- 該客戶整體的終生價值？
- 該客戶的年度價值？
- 你期望年度價值的增長幅度為何？
- 你期望該客戶能做多少轉介動作？
- 你期望他提供何種意見？多久一次？
- 你希望交叉銷售些什麼產品或服務？

客戶關係的任務可能相當多元化，譬如：

- **購買**。定義適當的購買規模與價值。
- **回購**。重複購買行為。
- **提高頻率**。增加購買頻率。
- **迷戀**。與親朋分享對你們公司的熱情。
- **推薦**。在做活動時，對他人進行推薦。
- **轉介**。提供潛在客戶姓名。
- **指教**。提供有意義的見解以改善經驗。
- **準時付款**。在規定時間內付款，以免因不必要的延誤而增加成本。
- **原諒**。難免會犯錯，人嘛。如果能原諒我們的錯就太好了。
- **增加預算**。從你的預算中多挖一些到我們公司的產品來，縮減購買對手產品的金額。
- **升級**。在經驗食物鏈中向上攀升至下一個階段。

- **長期關係。**承諾與我們的產品發展較長久的關係。
- **創造利潤。**在公司賺得毛利的情況下購買產品。
- **預算極大化。**將你預算中最大塊的餅撥給我們公司的產品。

這些例子都能運用在客戶身上，也能有效評量。大多數企業都跳脫不了購買或回購層次，他們看不到客戶關係的整體潛能。如果定義清楚上述各個面向，就能夠擬定一個營運計畫，鼓勵、回饋、強化這些行為。缺乏細節，會浪費行銷與業務資源，因為猶如摸黑狩獵，連自己眼皮底下的機會都看不見。如果我們建構起轉介制度，就能夠得到轉介名單；要不，他們可不會自己跑出來。

檢視一下你在客戶職掌習題中寫下的內容。你的定義是否涵蓋了以上所列的各個責任範圍？如果沒有，把它們加進去。確保你的客戶角色定義與執掌夠完整，而且能夠轉化成行動方案。

企業職掌：你的承諾

有一次我們開說明會時，一位與會者（我們姑且稱之為約翰）把客戶的責任之一定義為將其預算的85%都貢獻給他們公司提供的服務。他的企圖就是要成為客戶的主要供應商。這個對客戶職掌與期望的例子算得上是定義清楚、也可評量。由於該說明會中有許多出席者都是約翰公司的客戶，於是我轉身問他們：「像這麼高的承諾比例，你們要求的回報是什麼？」

約翰完全沒想到，他定義的責任對他的客戶而言並非天方夜譚，只不過他們要求他的公司也應該付出同等程度的承諾，以示公平。

上述面向必須可資評量，你才能追蹤進度，確保你逐步接近你與客戶之間的業務目標。做過這道習題後，你不難發現自己對客戶要求甚多。你的競爭對手恐怕也處於類似的困境中。啊哈，又到了醍醐灌頂的時刻了：任何關係都是相對的。所以你也得說明你樂於做出的承諾，才配得上你對客戶端提出的承諾要求。

為了實現你的期望，你必須傳遞、甚至超越客戶的期望值。你必須定義你們公司對客戶的承諾，以及你願意提供的服務，以贏得你所定義的期望。

⊙ 貴公司的職掌為何？

想想你先前定義的客戶職掌與責任，那麼你們公司得做些什麼，以與你期望從客戶那邊得到的承諾相抗衡？

在你思考做為一個經驗提供者應該付出什麼樣的承諾時，不妨把下列問題當做參考指標：

- 你承諾要創造的是什麼樣的經驗？
- 你承諾的服務程度為何？請詳述並說明評量標準。
- 你願意建立的是什麼樣的傾聽機制？
- 什麼樣的活動回應率，才會讓你願意有所承諾？
- 你願意提供什麼樣的問題解決承諾？
- 對於最佳客戶，你如何為他們提供他們偏好的服務？
- 你如何確保所有接觸點的一致性？
- 在維護關係上，你願意提供什麼樣的驚喜因子？
- 你如何確保位於成長階段時的整體經驗水準？

在回答這些問題的同時，你也得以檢視自己的期望是否合理，你是否能夠把自己的部分做好，以便讓你想要的關係能夠延

續下去。這些答案能夠幫你決定那些你想要的客戶是否真的願意擔當你指派給他們的角色，其結果，與你對這段關係的承諾息息相關。我們建議你在答覆這些問題時與客戶談談他們的期望，此舉能夠確保你的承諾水準和期望可行，也能夠贏得客戶的心和合作。

　　也許你會希望可以和客戶再做一次這樣的習題，以了解他們的期望，並從中激盪出一些先前可能漏掉的新想法。

　　一旦你面對自己的期望、客戶的期望時，就能夠開始審視這段關係，並問問自己處於這樣的關係中有意義嗎？你是否契合客戶的期望值？如果答案為否，有兩種可能：

1. 你努力地把天生就不欣賞你們價值主張的客戶圈進這段關係中。
2. 你在要求客戶給你全世界的同時，卻吝於付出。

　　無論是哪一種都得好好改變，以修正此脫鉤問題。你得做個選擇，一是接觸正確客戶、捨棄錯誤客戶，二是修正你的經驗，讓它與你的客戶相契合，以符合並超越他們的期望。無論如何，有一件事是不會改變的：類此情況拖不了多久。不適合的關係會衍生不滿，不滿會讓客戶懷疑他們為什麼要待在這樣的關係裡，難道外面沒有更好的選擇嗎？他們多半會找到一個心目中或實際上更好的選擇。不適合的關係形同打開大門迎接對手來搶自己的

客戶。

　　缺乏客戶角色定義，如同缺乏建立關係的基本架構。它會讓員工搞不清楚公司到底期望他們傳遞什麼訊息，也無法讓每個客戶的商機產生極大化效應。任何關係，如果一開始的期望不清不楚，注定活不了多久便失望以終。

　　該是我們遵循關係的常識行事的時候了。在我們內心深處已了解實情後，如果還想曲解這個名詞或陷在自己一廂情願的想法中，對你毫無幫助。我們不能想要與任何人發展關係。我們服務愈多的客戶，傳遞的價值就愈少，客戶群愈龐大，我們產品被認定的價值就愈低。如果妄想改變關係的天生規則，那麼把產品趕進商品大眾化列車的人就是企業自己，而不是客戶。「一體適用」的結果，就是沒有哪個人特別適合，客戶不會樂於接受這樣的產品，只不過是把它當做「沒魚蝦也好」的選項罷了。

　　不願在這個抉擇上下決定，就等於走回老路、追著每一個可能的客戶跑。這只是個選擇的方式，即使你選的可能不是對的。選擇捨棄不想要的客戶，才得以選擇與想要的客戶發展長期、親密的關係。這是個能夠創造利潤的抉擇，對企業的表現與發展具有舉足輕重的地位。

PASSIONATE

第 六 章

重大抉擇五

我們尋求何種關係？

PROFITABLE

經驗是企業的版圖，關係則是他們與客戶分享之物。企業無法在未獲許可的情況下自行建立關係。缺乏合作基礎關係將無法生存；建立關係得有甲乙雙方。

不過我們到底尋求的是一種什麼樣的關係呢？根據我們的經驗，客戶與企業之間的鴻溝使得關係的發展困難重重。雖然雙方都使用「關係」這個字眼，卻是各自表述。我喜歡用客戶來自金星、企業來自火星的譬喻。廣為人知的約翰・葛瑞（John Gray）理論，發現了男人和女人根本上的差異。他認為不同性別衍生的衝突與誤解，是因為女人把焦點放在關係上，而男人把焦點置於行動和解決方案上。以此理論為基礎，我認為企業尋求的是速度快、無牽連的交易，但另一方面，客戶除非看到長期承諾，否則不願意投資。客戶歷經對先前關係失望的磨難後，如今，在看到長期策略前，決不付出忠誠與承諾，此情況尤甚以往。汲汲營營於短期成效、不願進行長期投資與承諾、僅追求快速交易式承諾的公司，面臨了史無前例的挑戰。雙方用的詞彙相同，都是「關係」，代表的意義卻相互牴觸。

企業必須決定自己尋求的是什麼樣的關係。抉擇之後，營運系統隨之改變，客戶溝通方式也必須遵循此道。快捷、效率、利己的關係策略沒什麼不對，只不過別期望客戶會回報以長期忠誠度。他們會以他們自己的利己效率化關係回報你：每一回都比對價格，而且只在折扣商店購物。

如果你的抉擇是客戶要的長期、互惠關係的版本，那麼你們公司就得調整運作模式以贏得這樣的關係。客戶關係是一次一次的經驗累積起來的。這些經驗就形同建築的基石，如果我們在打地基時使用愈多的基石，最終的關係就愈穩固。關係愈穩固，忠誠度便愈高：它們互為因果。

共生vs競爭：客戶—企業關係

　　企業開始定義自己的客戶—企業關係時，必須克服一個典型陷阱：公司發現自己與客戶站在敵對立場。客戶和企業的目標都放在同一箱金子上，而且雙方都在為自己應得的比例爭得你死我活。大家都想從這箱金子中分得大多數，把少得不能再少的部分留給另一方。

　　我們所謂的這箱金子就是，當然啦，客戶的錢。在現階段短期、敵對的關係中，客戶會努力把自己大多數的錢留在荷包裡，只付出極少數需要的錢；企業則致力於盡可能地抬高價格。這種競爭狀態把企業和客戶都鎖在一個零和遊戲中，不可能有雙贏機會。

　　雖然很多公司都不願意接受，但他們的客戶關係其實就是這個樣子。而且這種敵對爭戰，通常會隨著購買產品的內容而產生放大效應。如今，客戶與企業的位置正在互換。客戶想用最少的錢買到最多的東西，企業則要以最少的東西索最高的價錢。這種競爭、零和的遊戲說明了這段關係的本質及其信賴度（往往介於淺薄和不存在之間），同樣也暗示了這段關係的前景。

　　不過，對關係的思考還有另一種角度：共生而非競爭。在共生關係中，客戶和企業站在同一陣線，對提供的價值與付出的價格擁有同樣看法。他們不會互相競爭；相反地，每一方都會逐步釋出善意與信任。共生存在的前提是，雙方都認定對方並非懷有敵意，而是抱著高度興趣。想建立起這樣的信賴度，必須按部就班地經營關係的各個面向。在接下來的篇章中，我們會對這些面向做詳細的說明。

客戶需求關係的要素

客戶對一段關係的想法，與他們在個人生活中追尋的關係形式相當接近。這些關係包含幾個面向：

- 篩選
- 慷慨
- 值得信賴
- 互惠
- 熱情
- 特權
- 真誠關懷
- 選擇
- 互動
- 對話
- 交易

可以把一段關係想像成一個銀行戶頭，存得愈多，你可以領的就愈多。而且這家銀行雖然或可容許短期的借支，卻不可能讓你透支。上述每個面向都是客戶在關係帳戶中存款的一種方式，你做得愈多，戶頭就愈豐滿。以下讓我們逐一檢視各個面向與其意義，以及欲滿足客戶想要的關係，企業如何在每個面向做出關鍵性的抉擇。

⊙ 篩選

在任何關係中，篩選這個面向都非常重要。要是加進來一個人，就會稀釋掉原有的，並降低其吸引力。參與者數量愈龐大，

能藉由關係陳述的特定需求、願望、期望也就愈少。企業通常會以市場占有率之名，與天生就**不該**是他們客戶的許多客戶發展關係。這些人打死不會讚賞他們的價值主張，還會持續製造摩擦。他們會以抱怨的形式不停宣洩這種摩擦，維護的成本相當高昂。這個高昂成本的代價，卻得由適合客戶買單。

先進保險近期所做的一項實驗，將篩選概念提升到一個更高的層次。該公司提供駕駛人特殊的電腦晶片以測量他們的駕駛習慣和行為。這塊晶片記錄了他們開的距離、速度及其他因素。該公司會使用這些因素做出一份以該駕駛人的習慣為本的客製化保單。駕駛人可以選擇是否檢視該晶片的結果，也可以接受或拒絕以此結果設計出來的保單。雖然不曉得陪審團是否會認可這個概念，但無庸置疑地，它已將個人化和篩選帶到一個新的層次。駕駛人不再只是地理或年齡族群的一部分，而是被視為一個獨特的個體，與其他任何人都不同。

有篩選等於告訴客戶他們是不同的、獨特的，而且是某個菁英族群的一員。它也代表了對少數有關係的夥伴提供更多的資源與關注，而不會因為要照顧太多客戶，分到你手上的的資源既少又無用。

⊙慷慨

真正的關係，見諸於夥伴之間的慷慨。客戶會樂於付出超額價，即使類似的實用性質服務或產品別人也提供，因為公司會提供讓客戶感到驚喜的超越預期服務。關鍵不在於剛好符合預期，而在於超越預期。我們經常面對企業客戶自認為所做之事已經超越預期，卻還是只聽到顧客說他們的最好還是不夠好。此外，企業自認為的獨到之處，競爭對手早已行之有年，而且還是**免費**提

供。

慷慨談的是對關係的投資；如果想傳遞出長期承諾的訊息，還必須做到超越基本要求。回報一個慷慨經驗的公平待遇，不會是目前一次性交易的銀貨兩訖，而是這一次的交易將成為未來交易的頭期款。只有堅信未來交易機會存在的公司才會進行投資，對客戶而言，這樣的投資是企業對未來意向和規畫的重要訊號。慷慨讓客戶再度確認企業與他們共享相同定義的關係，它為未來的忠誠度搭起信任的橋梁。

奇異電氣（GE）在尋求與客戶發展更穩固關係時，援用了慷慨原則，他們提供給客戶一些新東西：該企業的管理傳奇。奇異超越了產品與服務的思維，研究其客戶正面臨的經營挑戰，接著提議派遣他們內部的六個標準差（six sigma）與流程再造專家協助客戶解決問題。奇異提供了一個慷慨的、超越預期的額外服務，在此過程中，這些客戶都給予其高度評價，且至今都還覺得欠該公司一份情。他們償債的方式，是向奇異購買更多的產品與服務。

我在印度旅行的途中，下榻於孟買萬麗飯店和會議中心（Renaissance Mumbai Hotel and Convention Center）。該飯店提供了一點我在其他地方從未享受過的慷慨待遇，讓我十分驚訝。這一點非常平凡，就是巧克力。不，我指的可不是晚間房務服務時放在枕頭上的巧克力。這種小小的晚間巧克力被許多商務旅客戲稱為「為國捐軀」，背後的意義通常是企業致力於降低成本已經到了一種不可思議的境界。孟買萬麗飯店的晚間巧克力旁邊還放了一枚書籤，寫著溫馨動人的話。不過，更讓我驚訝的是，每一回有傳真或訊息送到我房間時，都會附上一顆小小的巧克力。每一次洗好的衣服送到房間時，同樣有一顆小小的巧克力在旁邊。

這是一種很小、成本不高的慷慨象徵，一種讓我每回收到都為之會心一笑的作為（旅程結束時，我的巧克力已經成堆，但每一次都讓我印象深刻）。這樣一種小小的慷慨姿態，使這家飯店在我的心裡異軍突起。

慷慨需要的不是昂貴之物，而是體貼的心。對於一家把其任務「為您服務、我的榮幸」印在每一張紙上的飯店而言，慷慨應該是順理成章的事。看過此箴言印在各個角落後，我不禁想，何以其他企業不把他們的承諾寫下來，並讓它不停現身。它能夠對員工和客戶起提醒作用，提醒他們公司想傳遞的是哪一種關係。在孟買的萬麗飯店，這個在印刷物上經常出現的提示，與巧克力所展現的慷慨姿態相結合，確實創造出一種區隔，而我這邊也生出一種樂意再度光臨和分享經驗的承諾。

⊙值得信賴

信任是一件非黑即白的事，與程度無關。愈信任，對關係的承諾度也愈高。信任的建立植基於企業在承諾上的行動與努力，如果許諾準時送達，做到了，就會變成信任建立的因子。承諾品質到達某個程度或服務的一致性，則是另一個因子。愈信任，對於關係戶頭的貢獻度也愈大。

⊙互惠

互惠這個詞經常受到誤解。企業以為讓客戶花錢買他們的產品，他們的關係裡就包含了互惠的對等成分。這種認知來自於把關係視為效率化、自求多福的產物。企業必須採取新方法與客戶互動、讓互惠滋長。客戶的主動參與程度愈高，對關係的歸屬感也就愈高。

　　互惠是公司主動展現善意的一種方式，表示他們樂於與客戶成為夥伴，而不只是告訴客戶什麼對他們比較好、他們應該為此付出多少錢。要在關係中植入互惠對等成分，必須重新思考企業的一些基本價值主張。不過肯定值回票價，因為客戶會回報以更高的忠誠度與歸屬感。

⊙ 熱情

　　這個面向在人際關係中已無庸贅述，但轉換到商業關係的時候，就很容易受到忽視。熱情是吸引人的磁鐵。如果你們公司的DNA中帶有熱情的因子，客戶一定感受得到，也會因此受到吸引。人喜歡跟富有熱誠的人產生連結，也希望能成為他們的一份子。灌溉你們員工和公司本身的熱情，能夠創造出一種強力膠，讓你選中的客戶自動黏在這樣的關係裡。

　　英國的合作銀行（Co Op Bank）在分享客戶熱情上有些特殊作為。該銀行經常在他們提出的社會議題上請客戶投票，然後遊說立法者支持這些議案。如此一來，該銀行既分享了客戶的熱情，也促使彼此關係得以源遠流長。該銀行的角色已經不只是個金融服務提供者，也成為客戶個人生活中的夥伴。

　　雖然熱情在關係中具有絕佳的吸引力，但創造不易、維持亦難。基於企業政治與犬儒主義的氛圍，想要在組織裡促動熱情的確是一項高難度的挑戰。正因為難度高，所以少數能夠做到營造組織熱情與員工熱情的企業便成了大贏家，他們是客戶關係大戰中的勝利者。

⊙ 特權

　　約會期過後，多數夫妻就會陷入習以為常的慣性，把他們所

愛的人視為理所當然。商業關係中也存在類似現象：蜜月期中，
誇大承諾、期望升高、鬥志昂揚；蜜月期一結束，企業就被打回
原形。意思是他們開始吃定現有客戶，把重心又移轉至新客戶身
上，如此循環不已；當然啦，又是同樣誇大承諾、鬥志昂揚的戲
碼。

企圖營造一種特權感覺的企業，會賦予客戶與他們發展關係
是一種榮耀的感覺。這些公司從來沒有離開過約會、追求的階
段，他們也沒打算離開。他們會透過創新服務與經驗的方式，保
持關係的新鮮度，確保客戶每天都覺得自己很重要。擁有這樣一
種無與倫比的特權，任何客戶都不會想把心思花在別人身上。畢
竟，幹嘛要為了一個未知、冒險的關係而捨棄一種現成的特權關
係呢？

史瓦茲玩具王國（FAO Schwartz）在嘗試建立特權關係的努
力上栽過跟頭。該公司一直經營的是高階生意，卻決定開始涉入
低階客戶市場。他們把店開在主流而非高檔的購物中心。結果，
它的價值主張遭到侵蝕，那些付出超額價的客戶不再覺得自己享
有特權。另一方面，該公司卻又與低階客戶搭不上線，因為價格
還是太高，還不如回到折扣店。史瓦茲玩具王國因而瀕臨破產，
最終銷聲匿跡。

雖然介入低階市場短期看來相當誘人，但失掉關係中的「特
權」階層，往往意味著賠上全部的關係。如果你想做迎合每個人
的事，而不只是為選定的少數人做特殊的事，那麼結局就是：對
任何人而言你都不具意義。

⊙ 真誠關懷

假裝，是關係的致命傷。若關係中缺乏真心與真誠的關懷，

注定會被送上斷頭台。企業非常熱中於重複自己的成功，所以會企圖重複原始經驗，而且用的還是品質較差的人員或原料。客戶很快就知道自己得到的是次等的原始經驗贋品，完全不值那個價錢。他們一旦覺得受騙，就會轉向另一個提供真實經驗的陣營。

客戶對複製品沒有興趣。他們不會為一個真品的假造版付出超額價和忠誠度。他們也許會買一次，不過是在大折扣時（說不定還會再討價還價一番）。真實的經驗能夠創造超額價，對忠誠度與關係戶頭產生貢獻。真誠這個面向透露的訊息十分明顯，就是關心你的客戶。

⊙選擇

客戶不喜歡被綁在有如一潭死水的關係中，也不喜歡「一體適用」的感覺。他們希望自己是坐在駕駛座的那個人，自己下決定，而不是別人幫他們做決定。因此，在你與客戶溝通你非常看重這段關係時，選擇面向便扮演了舉足輕重的角色。通常，不準備發展長期關係的企業，不會對提供選擇與決定進行投資，他們會致力於將選擇減到最低程度以盡量降低成本。與此同時，客戶也會接收到他們真實的意圖與計畫的訊號。

星巴克在面臨美國西雅圖咖啡（Seattle Coffee）與英國Café Nero崛起的挑戰時，採取的是提供客戶更多選項與選擇的策略，推出一個名為「自製你的專屬咖啡」（Customize your cup）的活動。目的就在於讓每一位客戶覺得他的選擇是獨一無二、無可取代的，因為客戶是獨立的個體，在全世界任何一個角落也不會有第二個人擁有這個特殊的咖啡配方。透過選擇，咖啡變成一種個人化的表現方式，就像喝酒一樣。

選擇傳達一種個性化的感覺，讓關係變得個人化、更親密。

聽起來如此簡單的一個概念，很多公司卻無法向客戶傳遞、溝通
這個事實：客戶擁有選擇，在關係中扮演的是主動角色。他們認
為提供選擇是一種成本高昂的「效率殺手」。他們看不到擁有長
期客戶的價值，通常是因為他們的財務規畫和客戶角色設定沒有
把這種長久因子考慮在內。選擇能夠為長期關係注入活水，在關
係戶頭上衍生意義深遠的貢獻。

⊙互動

　　現在的客戶都不希望是你的價值主張的被動接收者。如今他
們擁有更大的權力，也懂得行使權力。各式各樣蒐集客戶意見的
網站，從Zagat.com到HotorNot.com，凸顯客戶轉為主動參與者的
興趣，希望自己的意見被聽到，且可據以行動。（只讓他們的聲
音被聽到已經不管用了。客戶厭倦了那套老系統，他們把自己的
意見寄到一個黑洞裡，然後就跑出一封制式的謝謝來信回函。）
你必須在你們整體的價值主張中納入互動面向，讓客戶能夠貢
獻、參與該價值主張的創立。

　　近來，蘋果（Apple）iTune的成功，以及星巴克音樂咖啡館
的新嘗試，都證明了把互動元素加入價值主張的必要性，唯有如
此，才能強化對客戶提供的整體價值。以iTune而言，客戶擁有
下載他們喜愛的音樂的機會，創造一個專屬自己、獨一無二的音
樂專輯。沒有任何一個人的iTune專輯會跟別人一樣的想法，使
得客戶願意加入這個已然是300萬俱樂部的活動，下載次數超過
8500萬次，而且持續成長。

　　iTune對科技愛好者極具吸引力。許多患有科技恐懼症的客
戶不願意下載音樂，不過這並不表示他們不想擁有一種個人化、
互動式的音樂經驗。星巴克看到這樣的趨勢，於是開創了「聽音

樂咖啡屋」（Hear Music Coffeehouse）。客戶得以與超過2萬張專輯、超過15萬首的歌互動。他們可以製作個人專屬的音樂CD和封面設計，不到五分鐘就完工。這種新服務彰顯了對互動和獨特表達的需求，使用不同卻符合客戶情感（科技恐懼症）和偏好（拿鐵咖啡）的方式來傳達。

有些人可能會覺得這種經驗很奇怪，因為我們要客戶自己動手做（選擇、下載），結果還要向他們索取費用。我們把傳統廠商的部分工作轉給了客戶，要價卻相同。不過從客戶的觀點來看卻相當合理。客戶把通常廠商提供的死板、一體適用的手法，拿來交換一種表達出他們自己的獨特個性的選擇。為了表彰個人的這個行為，他們自願勞動**與**付費。

這種個人化的選擇凸顯了關係中的另外幾個面向，譬如慷慨（多元選項）、選擇（客戶自行挑選音樂）、特權（廠商與客戶間的關係獨一無二）。每一張專輯都反映出這個客戶的個人情感、偏好、心情、品味。

當德國軟體業者思愛普（SAP）想推出新產品線NetWaver開放平台時，援用了一種生態系統模式以使其更快更好。由於深知開發者的影響力，他們創造了思愛普開發者網絡（SAP Developer Network），一種以網路為基礎的合作、資訊工具，能夠讓全球的開發者分享創意與關切的議題。這個工具大大減少企業與開發者和客戶之間的溝通時間。擁有8萬名成員，以每週增加2千個新參與者、每天4千次點擊率的速度成長的這個社群，如今已發展成一個強大的銷售工具，其所憑藉的，就是關係原則中的資訊透明、透過開發者講述他本身議題的個人化功能、位於合作核心的互動，以及特權，因為參與者能夠擁有第一手的軟體和林林總總的訊息。

　　開創這項工具使得該公司即使面對廣大的客戶群，仍然能夠讓每一位客戶享有不同的待遇。該公司也得以藉此加速推廣新產品，因為已獲得開發者的支持，而且透過該公司無私分享知識的作為，也強化了這個新產品的問世。思愛普藉著接觸這些具有影響力的開發者，把自己植入決策生態系統，確保開發者不會對其投下反對票，而會採取支持的態度。

　　事實上，客戶早就**已經**參與了你價值主張的創造過程。他們在網路上瀏覽、在網站上討論你所提供的經驗、在你無法發揮影響力的使用者族群討論區中表達看法。他們主動推薦或是批評產品。就在你讀這一章時，即使沒有成千、大概也有上百的客戶正在你無法使上力的網站中型塑你的形象和品牌。要是你能接受這個現實（你其實也沒太多的選擇），那麼你可能會擁抱它、加入它，而不是與之抗爭。請對客戶的主動溝通表達支持，並將互動放進你的經驗中。無論在客製化客戶經驗或經驗的成形上，互動都是一個關鍵因子。或許推動客戶對客戶的討論也是個不錯的想法，你可以把客戶當成指導、教練或顧問。

⊙對話

　　你準備好傾聽了嗎？真的在聽嗎？以可能將其訴諸行動的心態傾聽？這是關係中另一個重要的面向。如果在一段關係中有一方拒絕傾聽，注定會走上失敗的道路，而且很快就一拍兩散。傾聽不是給個電子郵件地址好讓他們能夠提供建議，或偶一為之的客戶滿意度調查。真正的對話是一段有意義的交談，你確實有意學習與付諸行動。這個內在流程能夠確保客戶的意見獲得重視，而且客戶是被視為創造整體經驗的夥伴。一旦達到有意義對話的境界，你勢必也能達到發展更長久關係的目標。你維繫對話的時

間愈久、行動力愈高，你的關係勢必發展得愈好。

⊙交易

交易位於企業對關係之期望的核心。企業想賣產品與服務；但是，除非他們能創造出業績，否則這裡所談的任何面向都無法訴諸商業公平性。客戶也明白這一點。不過許多企業似乎不太了解，如果他們沒有做好關係中的其他面向，是走不到交易這一步的（尤其是想維持重複交易的毛利在一定的水準的話）。交易與經驗中的慷慨、熱情、信賴息息相關。缺乏這些面向，就算有了交易，也是微不足道。然而，其他面向做得愈好，交易的情況也愈佳。

不同的人要有不同的關係管理

客戶的需求不同，對價值主張的看法以及願意與你攜手邁向你期盼的關係的程度也有所差異。你的客戶群代表的是以我們先前的作業為本的所有合適做你客戶的人。你不想要的客戶族群，不在我們討論的範圍。你必須規畫不同的經驗與關係，以確保公司的利潤與客戶的期望、標準和期許得以延續。

值此階段，我們必須檢視現有客戶群中的客戶分類。從產品或服務策略的角度而言，所有的客戶都應該一視同仁，企業會盡量縮小客製化以追求營業額的最大化。客戶只是同樣產品或服務的購買者，他們付的價錢都一樣，所以待遇也一樣。不過若從他們的觀點來看，每個客戶可是截然不同的。譬如，休閒旅客與商務旅客和旅館房間的關係，以及對其價值的認知勢必大相逕庭。

最近幾年，我們看到產品與服務加速商品大眾化的現象。今

天我們對待客戶的方式是「一樣產品、人人適用」，而且我們還期望客戶能夠愛上它、為它付出超額價。四面八方的競爭與價格壓力，迫使企業在提供整體價值主張上吝於投資，要不就降低成分品質，要不就縮減客服人數。客戶，當然，付了錢還得忍受客服中心更長的等待時間、零售店態度更冷漠的員工、品質更差的產品。客戶與企業之間的鴻溝也愈拉愈寬。

位於此鴻溝核心的是企圖以商品大眾化的心態看待客戶，希望對所有人使用同樣的解決方案。企業有一個流傳甚廣的迷思：「如果我們對所有人用的都是同一套手法，就能夠發揮經濟規模的效益。」這個迷思誤導許多公司企圖——而且不斷重複——對所有人都使用同一套，然後還希望客戶以為這種大眾版經驗傳遞的是一種個人化的訴求，絕對值得這個價位。真是荒天下之大謬的一廂情願！

企業必須了解「一體適用」就等於「無人適用」。客戶援用他們自己的「經濟規模」版本，每次都找一個更便宜的版本。在此情況下，企業開始尋求進一步降低成本，試著符合客戶對更低價的期望。結果呢？產品品質更差、服務人員更少、銷售人員更冷漠，一步步惡化發展。最終陷入無法突破的困境，沒人滿意。

治療此症的處方需要了解不同客戶的不同期望，並據以傳遞不同的經驗。不，這麼做絕不會更貴。用商品大眾化的態度對待客戶才是更貴的方法，因為它會捲入一個多數企業都無法衡量的價格漩渦：客戶流失率更高、員工士氣更低、毛利一路下滑。

為不同客戶設計不同服務，其實就是針對客戶偏好的價格提供相稱的服務。同時，我們還得避免發生客戶篩選不良的缺失：對只願意付少少錢的客戶提供過多的服務，對我們慷慨付出的頂級客戶提供的服務卻不夠到位。現行模式是，客服中心把所有客

戶都放在同一個天平上，做的就是這種事情。對頂級客戶而言，沒有什麼比把自己擱置、讓自己和那些並未貢獻出頂級營收的人一起等待更令人生氣的了。以他對公司的承諾而言，這無疑是侮辱，這種待遇最終會迫使客戶轉投其他陣營。由於我們不願意承認他們獨一無二的價值，於是拱手將我們的客戶送給對手，因為他們尋求的是個人化、受尊重的關係。

客戶分類使企業得以區隔其價值主張，對不同的客戶傳遞不同的經驗，同時也讓企業得以開發客製化業績與關係策略，最終讓每一個客戶的貢獻達到最大。此外，員工也必須清楚客戶分類，才能夠把對的服務傳遞給對的客戶。

客戶分類準則會因各公司的業務、產品與傳達的經驗而產生差異，不過大體上此準則包括：

- 使用過的產品類別
- 客戶經營的業務
- 客戶生活形態
- 客戶消費習慣
- 訂單／交易規模
- 頻率
- 前次交易
- 利潤度
- 客戶對其他購買者的影響性
- 毛利
- 關係長度
- 年度價值
- 終生價值

客戶分類準則

幫你們公司把相關的客戶分類標準列出來。

1. _____
2. _____
3. _____
4. _____
5. _____

圖6.1是一個客戶分類的案例，讓組織就自己現有的客戶基礎進行分類，此舉有助於了解何種客戶帶進營收和利潤，以便著手增加此類客戶的策略規畫。同時，因維護成本高而對公司造成

圖6.1 客戶分類

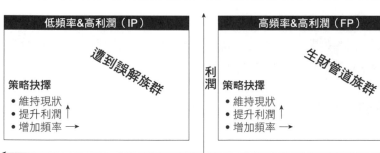

低頻率&高利潤（IP）	高頻率&高利潤（FP）
遭到誤解族群	生財管道族群
策略抉擇 • 維持現狀 • 提升利潤 ↑ • 增加頻率 →	**策略抉擇** • 維持現狀 • 提升利潤 ↑ • 增加頻率 →
低頻率&低利潤（IU）	高頻率&低利潤（FU）
迷失靈魂族群	蝕本來源族群
策略抉擇 • 提升至IP ↑ • 提升至FP • 捨棄 ↓	**策略抉擇** • 提升至IP ↑ • 提升至FP • 重新設計 CE • 捨棄 ↓

利潤

頻率

負擔的客戶，則必須透過特定的策略進行管理：一是改變傳遞的經驗，使其變成有利可圖，二是直接讓他們投效敵營。其他選項還包括客戶分級，例如一般級、白銀級、黃金級、白金級。每位客戶都有一個適合的級別，並據以接受不同的服務等級。

⊙生財管道族群

生財管道族群是那些貢獻給我們最健全毛利的客戶，他們應該占你事業體的大多數。他們在你的頻率／利潤表上都位於正向象限；他們經常與你做生意，貢獻出相當不錯的營收以及毛利。（然而，必須留意只用營收做評量標準：往往營收貢獻度高的客戶毛利卻很低，即使不至於無利可圖，但必須給的折扣通常都很高。）你的生財管道族群是你唯一能夠對他說「客戶是王」的對象。他們是你賴以生存的對象，你必須設計一套經驗以對應其忠誠度，他們勢必得感受到你對他們提供了慷慨、選擇、互動。一旦你規畫了一種令其產生偏好的經驗，你就能夠著手進行提高頻率與利潤的策略。如果能夠確保你的投資對他們而言是一種特殊的經驗，他們一定會回報你的。

⊙遭到誤解族群

遭到誤解族群是那些低頻率卻帶進高利潤的客戶。他們的低頻率會讓你誤以為他們缺乏忠誠度或不值得維護，其實只是消費習慣的差異，或純粹是需求和生活形態不同罷了。事實上，他們可以創造出相當可觀的利潤，也值得你特別關照。不要強迫他們轉移到生財管道族群象限（有些人也許很樂意，有些人則否，因為他們天生就不適合那樣的定義）。他們也許已經貢獻出自己所有，不過你仍應灌溉此關係，並且看看你還能銷售給他們什麼其

他產品／服務，以提供一個更完整的經驗。然而無論何時何地，在你這麼做**之前**，必須確保你提供的是一種回饋他們對你業務正向貢獻的區隔化服務。讓他們覺得自己被需要且備受恩寵，**然後**再著手擴展新業務。

⊙蝕本來源族群

蝕本來源族群是不斷干擾你公司、促使利潤往下滑的客戶。他們這麼做的結果是，直接衝擊你的成本（不斷凌虐你的服務與維護資源）且無利可圖。同時，你還得為他們負擔額外的成本，因為他們會侵蝕你提供給生財管道與遭到誤解族群的資源。他們的維護成本高昂（尤其與其營收貢獻度相較之下），對你而言是雙重損失的打擊。

那他們為什麼還跟著你？你或許有這樣的疑問。有幾個可能的原因：也許是你們不惜成本想提升市場占有率而推出的強銷活動，使他們成了你的客戶；也許是某個絕望的業務人員為了開發新客戶不惜代價的結果；或許是你們公司為了季底結帳趕上目標額度造成的。無論如何，他們都不屬於你想要的客戶群，你必須把他們移到其他象限，或乾脆捨棄。每天，他們都對你造成雙重的成本打擊，損及你提供給你的最佳客戶──生財管道族群──的服務。

要是你沒辦法把他們移到一個比較好的象限，不如把他們移到對手那兒去。沒有任何果實能夠比贏了兩倍更甜美了：你既降低了成本，又讓你的對手窮於應付那些昂貴的客戶，這些人鐵定會榨乾他們的資源、分散他們的業務焦點。這是一個加倍贏的局面，讓你得以釋出更多的時間和資源去處理、取悅那些生財管道族群。

⊙迷失靈魂族群

迷失靈魂族群之所以在此，是因為他們無處可去，而你則是
那個驕傲地接收此困惑情形的負擔者。大眾市場廣告策略把他們
帶到這裡來，他們並無意支付你訂定的價格，不過倒是很樂意享
有你提供的大方服務。他們花的是生財管道族群的錢，卻不認為
這樣子會傷害到誰。不要被其低頻率蒙蔽了雙眼，每一回他們跟
你接觸，你都得花錢；他們同時還會消耗生財管道族群的資源。
和蝕本來源族群一樣，要是你沒辦法提升他們，不如捨棄，讓你
的對手去哺育他們，處理他們的猶豫不決、所費不貲的行為。

至高無上的原則是：客戶族群愈小，經驗就應該愈個人化、
愈值回票價，如此關係才可能更長久、更有利可圖。執意透過大
眾市場模式與廣大群眾對話，結局很可能就是創造出一個淡而無
味、平凡無奇的經驗，充其量也只能滿足一種基本需求，卻絕對
無法讓它轉化成一種建立關係的動能。對最大多數客戶擁有最大
吸引力的產品，往往也是最便宜、最無特色、毛利最低的產品；
不妨想想空氣、水、基本食品，譬如麵粉、糖、鹽等。客戶基礎
愈小，你愈能夠依照個人偏好、情感進行區隔，也愈能夠客製化
他們會讚賞、超越其基本需求的經驗。

⊙ Paychex：善用他人無利可圖的客戶獲利

有時候，某家企業無利可圖的客戶，卻可能成為創造另一家
公司可觀利潤的客戶，此種轉機的關鍵，在於必須為這些客戶設
計出一種特定、不同的經驗。這正是Paychex這家小型企業薪資處
理公司的業務，他們把業務重心放在同業競爭對手ADP無利可圖
的客戶身上：員工少於50人的小型企業。他們提供類似的服務，

價格結構卻大不相同，因而吸引了許多小型企業。Paychex的創辦人很清楚，不到50位員工的企業偏好以透過電話的方式聯繫，不太需要像ADP提供的較複雜的支援系統。因此，他提供了一種較具成本效益的選項，讓客戶的期望與自己的價格結構相符。

Paychex最大的競爭對手ADP企圖將其高檔的價格結構方案強銷給低階客戶，然而該公司在此過程中卻開始丟失客戶。這些客戶看不出ADP提供的方案有何特別價值，自然無意支付其價格中的超值部分。而由於他們不認同此一高檔服務的附加價值，ADP所推出的折扣方案當然也吸引不了他們。充其量，它只創造出將侵蝕ADP最佳客戶服務資源的不適客戶。

Paychex找到的解決方案則正中下懷。它並未試圖強迫客戶鑽進他們不適合的模子裡，反而是設計一個以他們的需求和關切議題為主的全新經驗。一個新設計、一個完全為他們量身訂做的經驗，確保絕對合身，並因此締造了上億美元的新業務量——以另一家公司無利可圖的客戶群為根基。

他們因為聚焦於某一特定客戶類別，創造了一種專屬的客製化經驗，把他們變成有利可圖的客戶，建立起成功的事業。

蘇格蘭皇家銀行（Royal Bank of Scotland, RBS）在進行購併時也運用了此分類概念。多數的金融服務企業集團都急於把每一家新購併進來的公司換上自己的名字、標誌和風格，但蘇格蘭皇家銀行卻讓購併進來的企業維持自己行之有年的獨特風貌。每一家銀行都沿用自己原有的名稱、標誌和業務手法。皇家銀行的領導階層還讓他們旗下的兩家銀行在同一條街上各有分行，彼此競爭。他們堅信，不同客戶有不同需求，而這些特殊需求可以從兩家銀行中的任一家獲得滿足。皇家銀行讓各銀行獨立運作，使他們得以建立起獨一無二的身分識別與經驗，讓市場接觸率與滲透

率發揮到最大效應。刻意將銀行的外觀與風格統一，形同把客戶硬壓進一體適用的模型裡，通常會導致客戶撒手而去，轉往能夠尊重他們的個人特質、不會硬將他們套進某種模型的地方。

量身訂做的客戶經驗

我們先前已經談過，客戶分類是提供客戶極大化價值並創造最大營收與利潤的關鍵，所以在邁入客製化經驗的流程前，必得先行分類。在了解並非所有客戶都長得一樣，他們要的不是一樣的價值，想付的也不是一樣的價格之後，你必須為每個客戶類別設計符合該類別需求的經驗。

客製化指的不是拿出你的高檔產品、刪除其中幾項特色，然後就宣稱你為折扣型客戶特製了一套解決方案。大部分公司都會掉入這樣的陷阱中，然而，此舉無異於換一種方式再把客戶硬塞進另一個一體適用的模型裡。這麼做只是企圖利用規模經濟的原理，期望客戶能夠照單全收。

設計經驗就像是裁縫師傅的量身訂做服務：你得先量客戶的身，做出一套符合他尺寸的經驗。前提在於認知每個客戶族群都是獨一無二的，有他們自己的需求、希望、夢想，因此要創造出一個符合這些情感的經驗。這些經驗會因銷售的產品而異，也會因包覆在此產品上的額外服務與產品的價格點而有所不同。

當你依據客戶類別特製關係時，必須在取悅客戶的同時，也能為公司創造利潤。客戶與公司都必須是關係中的贏家，如果適合客戶群的經驗無法為公司帶進利潤，你就不應該服務這個客戶群。要是你找不到一個能夠創造利潤的經營模式，千萬別為市場占有率的考量所苦，讓那些客戶走就對了。

如果你的毛利不足以讓你傳遞一種真正愉悅的經驗，就是該對這些客戶放手的一個訊號。客製化流程應該做到確保每一種客戶類別接受的服務價值等同於他們支付的價格；這表示每個類別的經驗在各個面向上都是不同的：實際產品、提供的服務、親密及客製化程度、支付的價格。妄想在經驗上作假是行不通的，也沒有必要試試看再說。如果你想提供一種大眾化的經驗，老實說毫無意義，因為幾乎不可能改變此已可預見的事實：你的客戶將投效敵營。

因此，客製化流程須同時通過兩項原則的檢驗：取悅客戶，以及創造公司利潤。

我們經常碰到的一個問題是企業不了解自己的成本結構。企業說不出某個經驗究竟是否有利可圖，自然也無法正確評量該計畫的結果。行之有年的那套規模經濟以及一體適用的做法，衍生出以「分配」為基礎的評估方式及一些不正確的分析。要是你陷入這樣的情境，顯然是開發新技巧與工具的時候了。如果我們搞不清楚客戶到底對公司的底線產生正面或負面貢獻，分類或特製經驗便完全沒有意義。不要說一些像是「我們是以量為目的」或「整體而言還做得不錯」之類的藉口，這種態度只會導致你落入蝕本來源族群和迷失靈魂族群的手中，損及你對生財管道族群和遭到誤解族群的價值。類此曖昧不明的狀況會讓你遠離真相。搞清楚、算清楚你的數字，唯有真相才能讓你解脫（從錯誤客戶和無利可圖行為中）。

⊙維京無線：聚焦的藝術

維京無線公司（Virgin Wireless）在美國推行業務時，做了一個相當困難的抉擇：不要賣給所有人。他們決定好不要哪種客

戶，並決心把焦點放在青少年和20歲出頭的單身人士身上。這
個焦點讓該公司擁有強大的利基，得以為這些客戶提供客製化服
務。該公司的電話配備了許多專為青少年／單身形態的人士設計
的特色裝置，譬如一個特殊的盲目約會按鈕。要是有哪個客戶被
可怕的盲目約會給絆住了，就可以按下這個按鈕；接著這個按鈕
會啟動電話，聽起來就像是有人打電話進來；然後這個客戶就可
以說聲抱歉，假借此通電話讓約會告終，結束他的悲慘約會。

如果維京無線當時決定對大眾行銷的話，這樣的按鈕就變得
不具意義，因為多數客戶都不會想要這項服務。但正因他們聚焦
於一個定義清楚的族群，了解他們的情感與期望，使該公司得以
創造一個相當成功的客製化經驗，第一年進軍美國市場便吸引了
100萬名新用戶。

⊙美國運通：從各類客源創造利潤

美國運通（American Express）提供的金融服務以信用卡業
務為主。該公司將其經驗應用在每一個客戶類別上，並用額外服
務與不同的價格包裝它們，以符合每一個族群需要的經驗：

- 附回饋方案的綠卡（Green Card，即美國運通卡）是為尋求
  免費好禮的主流客戶而設計。

- 小型企業卡（Small Businesses）與開放網絡（Open Network）
  相連結，這是一個由許多小型企業組成的轉介、服務網絡。
  這些客戶享有極具價值的支出管理服務。

- 公司付費卡（Corporate Charge Card）讓公司能夠管理他們
  成千上萬員工的花費。

- 黑卡（Black Card）以頂級富豪為標的，他們願意為了身分

地位支付可觀的超額價。這是一種受邀才能入會的尊榮卡。

- 白金卡（Platinum Card）的對象是尋求豪華服務的有錢客戶，美國運通會提供他們《遠離塵囂》（*Departures*）──一本以時事為主的高檔雜誌，以及全球頂級飯店折扣和櫃台服務。

- 藍卡（Blue Card，即美國運通信用卡）適用於尋求最高可達5%回饋金的成本意識型客戶。

- 酬賓卡（Rewards Card）是對企業提供的激勵方案，乃預付卡性質。

上述每一種卡片都提供基本的信用服務，費用則各異，提供的經驗與可接受價格點也完全不同。美國運通此舉確保了每一種經驗都有利可圖，且與個別客戶族群的需求皆相關。

他們藉著客製化經驗，確保經驗之間不會互相干擾，並得以信守差別待遇的承諾，還能因此差異而索取不同費率。在與威士卡（VISA）和萬事達卡（MasterCard）的競爭已屬短兵相接的環境下，信用卡的平均年費大約是55美元，美國運通卻能夠從300美元起跳，其成功關鍵便在於區隔化以及用不同的方式對待不同客戶。

說實話，關係不僅脆弱，且不堪一擊。企業，跟個人一樣，都必須仔細選擇關係、灌溉關係，只要一記輕微的蠢招就能夠讓你的數年投資毀於一旦。既然企業會評量他們應該和客戶發展什麼樣的關係，如果期望客戶有對等的回應，勢必就得落實認真的投資與承諾。每一種承諾的形式和程度都會引發來自客戶端的類似回應，不要天真地以為企業可以一邊與成千上萬的人建立淺薄

的關係，一邊期望客戶一心一意的投入。這種思維在人際關係中行不通，在商業關係中同樣注定失敗。

在灌溉關係的同時，企業的承諾度也會被打分數。記得，面面俱到以確保關係具有個人化、慷慨等特質，互動則可讓關係長久發展，導致客戶端也會許下一個類似的承諾。就關係承諾的形式與程度進行抉擇，是每家企業都必須面對的嚴肅課題。扭曲關係的自然法則無濟於事，何況這麼做並不代表就可以不需要做此困難抉擇──一個需要勇氣才能做的抉擇。因為企業多年來習於扭曲關係法則，所以很容易陷入對關係進行最少投資卻期望擁有客戶端最大回報的迷思。這種一廂情願的想法相當普遍。面對真相、逆流而上需要絕大勇氣；不過那些願意下決定的人，肯定物有所值。

PASSIONATE

第 七 章

重大抉擇六

&

如何避開密室客戶陷阱？
如何認定完整的客戶責任？

PROFITABLE

所以誰擁有客戶？「每個人」的回答都一樣。他們說：「我們全都擁有客戶。我們全都擔負著取悅客戶、確保他們滿意的責任。」我真的很愛看他們這麼說的時候——又是一則無根據、不可信、沒有用的企業謬論。「那麼，如果你的前五大客戶流失的話，」我接著反問：「誰會被開除？」此時，主管往往帶著困惑的表情環顧四周，知道自己的那番談話相當空洞，他們很快就明白，標語和現實之間的鴻溝寬到難以搭起橋梁。

接觸點全面管理

客戶每一次和一家企業發生關係，都會與很多組織功能的人相遇，代表有許多接觸點。從客戶的觀點來看，全部的接觸點和互動不僅代表了該公司，也同時刻畫出一個整體的客戶經驗。習以為常的認知是，負責客戶的是業務或行銷部門。但事實上，每個人都得對客戶負責。企業的每一面向都會對客戶經驗產生正面或負面的影響，每一功能都對傳遞的整體價值有所貢獻。然而，很多企業都無視於這麼簡單的道理，他們傾向於認定客戶責任只不過是幾個特定領域的事。在我們檢視企業有關客戶經驗和關係的抉擇時，必須完整審視員工和組織的責任劃分。檢視接觸點是必要步驟，必須看看客戶與公司的互動多深、多廣。辨識這些接觸點能夠讓我們更清楚一個以組織為本的客戶關係法則的需求為何，同時也能協助我們塑造一個更好的組織，以傳遞這些期望的經驗與關係。

在企業—客戶關係的課程中，客戶和企業的接觸相當多元：網站、簡介、初期詢問、購買處、合約、運送、客戶手冊、客戶服務、退貨等等。許多企業常犯的一個錯誤是，只發展行銷和業

務接觸點，這些單位必須客戶至上，其餘部門則無所謂。這個錯誤會導致對客戶的承諾與最終傳遞的結果之間出現巨大鴻溝：成效卓著的業務行銷活動升高了客戶的期望，同時也引發客戶更大的失望。每一個接觸點都會創造出一種經驗，並對整體的企業─客戶關係產生貢獻（正面或負面）。

舉例而言，會計部門對你的整體客戶經驗有何影響？作業部門如何影響你的客戶？法務部門的責任為何？是否教導過物流人員如何服務客戶？通盤了解你公司的各個接觸點，是建立一個得以對適合客戶提供適當經驗的第一步，如此才能夠開展長遠的企業─客戶關係。

接觸點分析對照

把所有接觸或影響你的客戶經驗的人員／功能列出來，確認會產生實質影響的特定角色／人員。注意，某些接觸點通常並非直接對你們公司報告或受雇於你們，但因為以你們公司的名義行事所以仍會產生影響。交易商、委外代製供應商、物流公司都可能並非直接受你們公司管轄，不過從客戶的角度而言，他們仍然是你們延伸出去的部分，他們的行為和服務品質，直接影響到你們公司傳遞的價值認知。確定把他們都放進你的分析架構裡。

在**表7.1**中列出所有的功能項目，然後在「接觸點」欄位描述一下他們與客戶接觸的方式。確認此描述反映出實質傳遞此服務的人是誰。做習題時，依照每個功能傳遞的經驗品質的順序進行排列。在排名時，切記要誠實以對。要是不確定，回頭對照一下客戶滿意度調查或客戶抱怨資料，它們能夠讓你心裡有個底。你可以把這些經驗用1到10加以評分，10分為最高分，代表最滿

表7.1　接觸點分析

功能	接觸點	傳遞人員	經驗品質

意的經驗。最後，就能對照出接觸點中最弱的一環，也就是功能或接觸點項下得分最低者，該接觸點是決定客戶對經驗的整體認知的關鍵所在。

　　面對客戶、接觸客戶的各個龐雜的功能／人員，能夠藉由表7.1一覽無遺。如果不能全面掌握負責客戶的人員以及企業的涉入情況，客戶經驗注定會失敗。

　　這又是另一項多數企業傾向避免或是乾脆視而不見的重大抉擇。經歷了客戶篩選、經驗定義等幾個棘手抉擇之後，他們通常寧願相信能夠在不動到組織本身的情況下自然發生改變。這種錯誤想法的代價，往往就是他們原本有機會成功的客戶策略還是失敗了。不了解組織需要的變革並盡速將其落實，將衍生幾種後遺症：

● **流程不協調**。雖然你企圖將焦點再度拉回客戶身上，但說不定現有的流程強調的是一個相反的方向，獎勵的是效率與大

量生產，客製化服務反而遭殃。流程衝突的互斥現象十分常見：企業試著兼顧客戶需求與企業本身的效率需求，但兩者一開始就互斥；企業不時灌輸員工關懷客戶至關重要的精神標語，另一方面卻實行與顧客至上行為互相矛盾的流程。困惑的員工搞不清楚公司的真正意圖究竟是什麼，結果，員工毫無選擇地只能放棄標語、追逐錢的足跡；員工會持續做公司花錢請他們做的事，不管他們辦公區貼得到處都是的各式各樣新標語寫得有多動人。

- **信用挑戰**。如果你和很多公司一樣（一樣的可能性很高，雖然你自認為應該不是），那麼你應該經歷過這樣的事。你告訴員工應該把焦點放在客戶身上、完成他們的願望。要是你的員工和其他員工一樣（機率很高），他們的腦子對這樣的訊息會開始麻木，這種話他們聽過很多次，卻從沒看過這些宣言落實為長期承諾。你的員工經歷過很多次偉大宣言被送進墳墓裡的事，只因為「我們這一季必須達成目標」或「我們必須做成每一筆生意」──再次，我們面對緊急任務，必須從每個願意付錢的人手上把錢搶下來，先把那些對我們最佳客戶的長期影響擱在一邊。一陣子後，這些員工就懂得如何解讀這些訊息了，那些是美好、善意的標語，但可別忘了現實呢。他們讓那美好的標語悄然消逝，繼續秉持他們一向的做事綱領，他們發展出一套無視於這些「今日例行」式宣言的系統，「一樣會過去的」，他們會這麼對自己說、對彼此說。

- **組織衝突**。你強調對客戶擔負的完整責任，你說你想發展全方位客戶視野，但是你們的組織仍舊屬於一種密室形態，每個功能的人還是只關心自己那一小部分與客戶相關的事。除

非組織架構足以支援客戶至上方案，否則很可能與其產生衝突，導致員工心生困惑、無所遵循。如果對客戶沒有完整責任，那麼業務人員只會持續關心自己的部分，為了做成生意而胡亂承諾，然後就把客戶丟給客服部門處理善後；同時，會計部門也會持續寄發不正確、令人不悅的出貨單；運輸部門則老是無法如期送貨。只有在組織架構重設成支持新的客戶策略時，才有辦法打破這種惡性循環。改變組織以符合完整客戶責任的需求非常重要。

- **容許忽視**。客戶是業務或客服的責任，不干我的事：很多企業中都充斥著這樣的想法。客戶只是少數幾個部門的主要議題，與其他人無涉。除非公司從上到下都投入，否則員工、甚至整個部門的人，都會認定此事非自己的責任範圍。他們的角色為後勤支援，卻看不到自己的行為——有時甚至是惡行——對客戶的整體價值主張的影響力。如果把訊息傳遞給每個人，譬如用電子郵件大量發送，每個人都會覺得那是別人的事。他們向來認為自己只是被告知，並非被要求執行。因此，一旦推動客戶至上策略時，相同的情況照樣發生。每個人都會看那則訊息，但很少人（即使有）會認真對待、開始執行，每個人都認定自己只是被告知罷了，該負責的是別人。這是一種恣意容許下的忽視行為。

- **改變態度**。我們提到的改變不只是改變結構或流程而已。大家照著流程行事，大家呼吸著瀰漫在組織和願景裡的空氣。除非員工認同這個新的願景與計畫，否則不會樂於合作。想採取任何新方法做生意時，改變員工態度是最困難的事。這與改變流程不同，光實施一些新規範是不夠的，改變員工態度的流程往往比我們預估的更長，而且還得努力不懈。員工

判斷該客戶策略真實度的指標是，公司在運作上做了哪些改變。員工習於用內部變化的程度來測量虛實；改變愈深，他們就愈相信該計畫的落實強度。因此，為了發揮員工態度改變的支持力量，請確保訊息的傳遞是經由一種實體模式、實質改變，而非僅透過虛擬世界宣布某某重大事件。同時，必須持續追蹤此長期承諾的情況。員工看重的是行動，而非意圖。

別當工具偏執狂

上述各項議題都是很難敲碎的核桃，需要不斷努力。很多側重短期成果與思維的企業，都想找捷徑。雖然他們深知像這樣的重大改變是沒有捷徑可循的，然而急切之心往往高於邏輯，所以他們找到了一個答案——「近乎是」的答案，就是借重工具。企業購買科技工具，滿心希望藉助工具便得以成事，自己也就不需要那麼費力了。

當企業急於投資與客戶相關的新科技、以免還得重新檢視其相關的策略與作業層面時，不過是自欺欺人的做法，誤以為科技能夠治癒一切，自己不用面對實質的挑戰。此時，他們無疑為自己買了一個必敗保證，還白白浪費了金錢和資源。

然而，某些科技公司抓住這樣的商機。他們宣稱自己的產品擁有策略性功能，大言不慚地誇口一些自己的科技根本做不到的事。科技無法提供客戶卓越的服務；「人」才可以。科技產品只是一種工具，由人來操作，決定要傳遞的服務是何種形態、感覺和品質的，是人。

科技公司在客戶面前晃動著炫目的投資報酬率分析大旗，滿

口保證擁有絕佳的可評量效益，急著趕緊簽下這筆生意。然而就在簽約當頭，他們已經忙著應付下一個客戶了，被晾在那裡的現有客戶只得自己搞清楚到底怎麼回事。曾經有一個客戶對我說：「科技是工具，但握有工具的傻瓜依舊還是個傻瓜。」我大膽地把這句話改成「一個握有工具的傻瓜，是一個更名副其實、更危險的傻瓜。」他認為自己擁有了解決方案，便急著執行，卻忽略了必須面對的實質挑戰：改變人和流程。

購買科技和其他的工具是創造捷徑的便利之道，一條相信自己可以只要用一張待完成事項表核對「客戶專案」事項就足以成事的道路，不需要觸及組織的改變與應用等核心議題。在現實中，如果你的客戶專案只是待完成事項表中的某某事項，那麼你顯然完全離了題。這正是企業何以失敗的主因，因為他們不了解客戶不是一個專案，滿足客戶也不是光來點科技就得以大功告成的事。客戶不是那長長的待完成事項表中的一個項目，客戶是待完成事項表的**所有**項目，它要不就是業務核心、所有人都得依此行事，要不就被摒棄於該企業的核心競爭利基之外。

不過，科技在改善客戶價值主張與提供的服務上卻有相當大的潛能，如果可與策略適當配合，它能夠強化執行力，並使其更有效率。科技工具的確強化了客戶策略，也改善了策略結果，不過它們始終無法全面取代人、策略、流程——它們原本也沒打算這麼做，責任還是得由領導階層扛，購買任何科技都無法改變這個事實。雖然有時企業會有不切實際的期望，廠商也會有誇大不實的說詞，你卻得弄清楚工具就是工具，沒辦法幫你做你該做的事。它們也許可以節省你的時間，卻沒辦法取代你。

如果企業決定開始認真看待自己的客戶策略，就必須拋棄對工具的執著。即便科技和工具在支援紮實的客戶策略時可能很有

用、很有效，卻絕對不足以擔綱驅動成功的角色。

組織至上型客戶

在你審視你現行的組織架構時，可能會發現它是以功能的專業角度進行編排。因此，業務活動位於某一把傘下，物流由另一個人領軍，生產也有其專屬的部門，研發則由科學家主導，每個功能的個別領導人都是某個領域的專家，盡其所能發揮所長。

圖7.2顯示出一個組織至上的客戶策略模型，迫使客戶必須在專家間跑來跑去，才能找到自己想要的服務。

從客戶觀點來看，這代表客戶不是每個功能運作上的主題。一旦客戶因為某個特定的議題與該機構接觸時，最好先搞清楚自己到底要找誰，否則勢必會讓自己陷入外部迷宮──從公司的某個部門被轉到另一個部門去。「先生，我們只負責左邊鼻腔，右邊耳朵是由另一個部門負責的。」典型的回答就像這樣。

沒有任何一個功能能夠完整地看待、管理客戶。業務部門只管亂開承諾，行銷部門負責提高期望，客服部門盡力使用不當的

圖7.2　組織至上型客戶

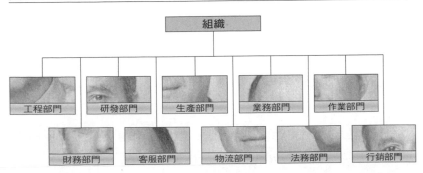

資源稍稍填補一下高漲的期望；會計部門開錯發票，物流部門把研發部門設計、生產部門製造的瑕疵品誤送給客戶。那麼，誰該對這所有的事負責？一問各個不同功能的主管，他們就會把自己部門的營運目標搬出來，指出自己不僅達成目標，還常常超越目標。客戶必須自行管理整體的價值主張。我老是因為竟有如此多的企業採取專家本位架構而驚訝不已，每個部門不停的炫耀自己的功績，客戶滿意度和回購率卻節節下滑。假如我們抽絲剝繭設法找出那個應該為完整的價值主張負責的人，會發現結果竟然指向客戶本人。我們稱這種現象為**組織至上型客戶**（organization-focused customer）。這名客戶受制於組織架構，他的任務是符合該組織圖，確保其間沒有任何偏差（同時還要確保他也能配合季度的組織調整）。

這種可笑的情況和客戶至上完全扯不上邊。沒有哪個組織能夠一邊宣揚自己客戶至上，一般卻維持這樣的架構。傑克・威爾許（Jack Welch）曾經說，分層負責制度就是一個把臉對著執行長、把屁股對著客戶的組織。事實上，在這種組織至上型客戶現象裡，客戶並非組織的中心，而是組織的副產品。員工必須負責的是這個不斷改變的組織圖而非客戶。這個架構獎勵的對象是內部政治與專家，而不是客戶至上。客戶隸屬於該企業的架構和流程，他們是其組成分子之一，如果客戶想要享有該企業的產品或服務，就得先學會適應這樣的架構。

客戶至上型組織

對那些真正有心落實客戶策略的企業而言，是邁開大步前往客戶至上型組織（Customer-Focused Organization）的時候了。這

種組織在客戶需求與服務宗旨上目標清晰。他們致力於傳遞而非銷售絕佳的經驗。想變成這樣的組織，必須做到以下的改變：

- **完整的經營價值主張**。此為客戶經驗管理的一門功課，旨在為客戶管理完整的價值主張，不論從提案開始到售後服務，傳遞每一部分價值主張的究竟是誰。該企業中負責此功能的資深人員必須對管理客戶經驗負起全責，並確保其相關性與競爭力。此功能必須看清客戶的全貌，以消弭流程和價值傳遞上不當的密室運作。該功能的另一項任務是，檢視發展中的科技及同業動態，以確保經驗永保新鮮，絕對不會流於商品大眾化的窠臼。

- **全視野看待客戶**。密室組織的一個副產品是，每個功能的人只站在各自的角度看客戶，無法看到其他層面。如果用不同的資料庫管理不同的功能，就會發生這種情況，剛好與跨領域客戶管理背道而馳。它通常會導致一些很白癡的情節，譬如某個業務員請求客戶再下一筆單時，卻不知道這個客戶前一天才剛剛對你們公司發過飆。會計人員開發票時，總不忘威脅客戶要準時付款，卻忽略了一則重要資訊：客服部門忘了維修客戶買的產品。一開始就得注意的一點是，跨所有部門——**每一個**接觸到客戶的人——分享客戶的所有資訊。要是沒這麼做，往往會演變成客戶蹂躪你們的系統的局面，他們會不停抱怨業務人員做了什麼什麼承諾，公司得提供超出合理範圍的服務以平息怒火，結果反而造成這筆生意無利可圖。

- **倒轉組織金字塔**。現今，對客戶而言，價值很明顯地已經轉到服務端，而且與單純的服務或產品相較之下，更偏好個人

互動。事實上，產品和服務本身都被視為大眾化產物，需要在組織的金字塔上做一些改變。位於頂端極少數的「無限智慧」（infinite wisdom）菁英已經不足以撐起整個企業。公司高度依賴那些薪資最微薄、直接面對客戶的員工以傳遞品牌形象，即使在廣告達不到效果時亦然。該是顛覆的時候了，該是每一家公司解放員工權力的時候了。不過前提是，必須改變我們對待、獎勵、授權、教育那些面對客戶的員工的方式。

- **經驗的清楚分工**。客戶經驗中的合宜之處，必須傳遞至組織內的每一領域。雖然客戶是大家的，但負責每個功能的個人都必須徹底了解自己的部分，及其對經驗的影響。該影響必須時常檢測，以使所有人都能夠清楚地說出自己的角色和責任——並以示負責。如果不把客戶經驗拆解成每個特定的負責區塊，那麼類似「客戶是大家的」這種曖昧不清的說法，就會一直都是一種抽象、毫無意義的說法。

- **建立工具**。組織的工具往往圍繞著一種大量生產、功能專業的架構而建。然而，工具需要放在對的位置，要能夠產生對待客戶的全方位視野，要能夠分析客戶資訊以做出更適當的分類與客製化經驗，且生產流程需要檢視，以確保其得以對不同客戶提供不同服務。從客戶分類與分析的科技到客製化工具，整個組織必須確保擁有達成策略使命的正確工具。

- **了解數字**。一位新客戶的成本多少？一位客戶的年度價值為何？服務客戶一年得花多少成本？一則抱怨的成本為何？處理一名震怒的客戶得花掉多少成本，包括不斷打進來的所有電話在內？怒氣衝天的客戶會導致公司因為生意沒了而損失多少成本？衡量客戶策略成功與否有許多面向，這些只是其

中一部分。要是沒有正確的評量，好比客戶的年度與終生價值、做生意的成本、維護成本及其他各項關鍵因素等，企業的經營將猶如瞎子摸象，因為缺乏評斷其成果的財務基礎。客戶策略不只是對客戶好就夠了，它得貪心到善於利用你鍾愛客戶這件事，讓客戶別無他法、一心偏好享有你的經驗。唯有穩固的財務基礎才能衡量客戶的選擇與分類是否正確，以及在關係中我們**必須**負擔的服務和慷慨程度。效率至上組織往往找不出正確的數字，因為他們的衡量方法側重總量，而非客戶利潤度。

- **建立教育流程**。聚焦於客戶是每個人的目標，不過了解其真意者卻十分罕見。想把這個偉大的目標貫徹到日常工作中，員工與主管教育扮演著關鍵角色。雖然以技巧為主的訓練已行之有年，卻很少有人安排客戶至上的教育，它究竟意味著什麼？我們如何把它融入我們日常的運作模式中？它如何影響我們的決策流程？對事情排序的影響為何？假使組織追求的是邁向客戶至上的經營模型，這些都是必須面對的問題。別以為你的員工自己會了解，尤其是他們近幾年來一直緊黏著效率至上模型。他們需要雙重教育：其一是把他們之前所學的連根拔起，並解釋其不適合的緣由；其二則是介紹做生意的新方法。

　　圖7.3的客戶至上型組織圖，顯示所有員工與功能都是圍繞著客戶而生。每個功能底下的個人所看到的客戶都是一個完整個體，同時對自己在整體客戶經驗中所擔綱的角色和責任也非常清楚。在客戶至上組織中，人人責無旁貸，每個人都得取悅客戶；除此之外的事都只能排在第二順位。

圖7.3　客戶至上型組織

　　客戶至上組織彰顯的重大改變在於，從一個員工面對自己老
闆的組織（每個人都追隨著他自己的密室老闆，各自彈著不同的
調）變成**所有**的員工面對著單一的老闆——客戶。客戶可說是驅
動組織統一、整合的因素。無聊的政治遊戲告終，每個人都把焦
點放在維護客戶的競爭利基上。客戶集權的力量使其成為一個公
約數，組織裡任何部門都無法挑戰其重要性。如果客戶至上模型
規畫得當，就能夠讓公司裡的每個人都朝著共同目標邁進、一心
一德。

集大成者賺大錢

　　觀察前述兩個模型的差異，我們可以很清楚地發現何以第一
個——組織至上模型——是以自我、利己為中心，而第二個則是

真正聚焦客戶。我們先前提過，最重要的原則是：能夠集合完整價值主張者，就得以造就超額價。在組織至上型客戶模型中，客戶努力為一個簡單的問題找到一個直接的答案，卻必須奔波於不同的部門之間，自行蒐集、組合價值主張。這名客戶會認定該公司的價值形同大眾物資，既然無法提供完整價值，自然得向該公司「索償」，為他們浪費的時間與精力從公司的超額價中扣除一部分當做手續費，所以只能以折扣價購買該公司的產品或服務。

　　在第二個客戶至上模型中，企業扛下所有責任，將客戶視為完整個體，針對其經驗需求所提供的是一種整合式回應。因此，企業能夠因為省下客戶的時間和精力、提供絕佳的經驗以博取其歡心，而得以索取超額價。現在的客戶不想再要中庸性的選項，削減成本稀釋了價值主張的濃度，迫使客戶改採一種防禦性的效率策略：搜尋任何可能的最低價。秉持這種防禦性效率策略的省錢型客戶到處都有，他們要把省下來的錢拿去支付給提供絕佳、完整的價值主張者，因為那樣的產品才配得上超額價。客戶會把自己的錢重新配置，把他們從價值較低、毫無特色的大眾化商品轉移到那些提供卓越經驗的產品或服務上。就像之前說過的，提供完整經驗的價值主張整合者，才能夠擁有超額價。

　　然而，評量超額價，光有聚焦客戶的**意向**還不夠。組織至上型客戶模型之所以永遠配不上想要的超額價，是因為它的價值主張禁不起考驗，猶如一種坐等客戶自己動手做的方案。贏得超額權利的途徑，必須從組織著手、做根本的改變，應該把客戶的角色從擔負價值主張全責者變成組織的老闆。

　　整體責任認定與組織應有的調整，都屬於財務層次的抉擇。要不就是銷售大眾化商品、把超額的部分還給客戶，否則就得積極提升價值、以便從客戶那裡索取更高的價格。讓組織繞著客戶

轉只是完成客戶至上夢想的首部曲。要是組織不做任何改變，即無法催生策略到接下來的執行步驟。將承諾化作日常運作是組織的責任，如果組織不變，諾言勢將無法兌現。

PASSIONATE

第 八 章

重大抉擇七

我們雇用的是功能性機器人
還是熱情的傳道者？

& PROFITABLE

如果我請你描繪一下心目中理想的員工原型，你會怎麼回答？要是你和大多數雇主一樣的話，你的期望可能是像下面所列的：

- 非常積極
- 擁有團隊精神
- 良好的溝通技巧
- 自律
- 自動自發
- 效忠
- 有競爭力
- 有創意
- 服膺指示
- 工作認真
- 鉅細靡遺
- 具備抗壓性

如果你的名單與上面的雷同，歡迎光臨十項全能員工樂土。上上Monster.com、Hotjobs.com 或其他找工作的網站，你會發現自己所列的特質和許多貼出事求人訊息的雇主無異。這張單子適用的工作範圍相當廣，包括（當然不僅是）銀行行員、汽車銷售員、股票經紀人、教師、救火員、保險經紀人、運送人員、客服代表、零售店員、會計人員等等。

十項全能員工多才多藝，只要通過這些基本特質的考核，他們能夠任職於各個領域的公司，而且輕鬆自如。正因為他們擁有這些基本特質才得以十項全能，他們可以今天在豐田汽車上班，明天又到富國銀行（Wells Fargo）任職。但實際上，由於他們在

任何一家公司上班都能夠如魚得水，因此很難特別效忠於哪一家公司。多才多藝造就他們得以擔綱多種職務，另一方面卻哪一種工作都不適合。這種員工屬於每一家公司，同時，也不屬於任何一家公司。

你問：「哪一種工作都不適合？」一點沒錯。他們不適合的原因是對工作缺乏個人忠誠度。他們的技術使他們得以勝任多項職務，但個人忠誠度與動力卻不足：缺乏熱情這項元素。沒有熱情，不過淪為執行指令與功能的工具；懷抱熱情，才能造就一個頂尖的企業、永續的良好關係。

如果你選擇員工是依照上述所列的標準，符合十項全能員工原型的話，他們或許可以很有效率地與人互動，卻無法傳遞出絕佳的經驗。如果他們無法將個人的忠誠與熱情帶入工作中，執行工作時就會缺少最關鍵、最不同的元素，一個創造絕佳經驗的元素：熱情。

關鍵在態度，而非技術

大多數的企業找人時都以技術為第一考量，他們認為技術是成功的關鍵因素。如果他們經營的不是一個客戶至上的企業，這樣想當然沒錯！不過，如果他們與同業區隔的核心競爭力是客戶至上，那麼技術就得讓位給熱情與態度。英國的第一直營銀行（First Direct Bank）在建立英國第一套銀行語音服務系統時，做了一個決定：他們的核心經驗就是關懷，因此他們雇用的不是傳統的行員，反而傾向於選擇護士、社會工作者，從事此類職業的人都必須付出個人關懷。我一直非常驚訝，為何有些公司在雇人時只考量技術層面，之後卻期望他們的訓練專案能夠讓他們以人

的態度行事。有一次我問一位客戶：「如果一個人在家待了十八年，他的父母都沒辦法改變他的態度（使出一些極具誘惑力的花招，譬如車鑰匙之類的，不過今天的員工可享受不到這樣的待遇），你憑什麼認為你有辦法做到？」

技術可以傳授，態度和熱情卻是與生俱來的，它們能啟發，卻無法創造。你找人時，必須以他們與你的要求和核心經驗的個人連結度為出發點。如果他們熱愛自己從事的工作，很快就能補強技術的不足，且他們的熱情得以彌補許多過失；但如果他們缺乏熱情——他們個人與你的世界、經驗都搭不上，也毫無成就感可言——一定會失敗，無論技術再好。客戶會看穿他們，認為他們表裡不一，客戶不願意和沒有熱情的員工發生關係。結果這些十項全能員工反而變成客戶至上策略的致命傷，他們能以高效率完成工作、遵從指令，但客戶卻難以享有難忘、快樂的經驗。客戶從十項全能員工所接收到的東西僅止於效率；他們渴求熱情的經驗，卻幾乎永無實現之日。

員工經驗：從客戶經驗的角度出發

大家都想找有熱情的員工，難的是如何吸引他們。如果你想接觸、吸引熱情員工，必須說得出一個好理由，一個對他們的人生有意義的理由，而不只是利用他們來執行你的互動計畫。不過多數公司都不願承認這個事實。對熱情人士散發吸引力的核心，在於一個能夠讓他們想要產生連結與關係的員工經驗。

員工經驗與客戶經驗息息相關。你的員工與你公司的產業特性與利益無涉，那是「企業」的玩意兒，只不過是企業貪婪的象徵，與其無關。他們能（也會）與客戶的情感、願望發生關係，

他們願意與你所給的機會產生連結，為你創造正向的客戶經驗。簡言之，他們與你之間的連結是在客戶經驗對照表中的實質業務面向，而非物質特色角度的業務面向。一個紮實的客戶經驗、了解客戶思維以及你所提供之物帶來的影響，將決定你能夠呈現或傳遞出什麼樣的員工經驗。

熱情的人和熱情的企業一拍即合，他們讓每一天都擁有不同的感受，不像一般利用廣告、行銷術語包裝虛偽的熱情。在日常運作中信守「打造不同」承諾的公司，會吸引並留住最佳人才。

通常我對客戶提到這個觀點時，他們都會抗拒，強調各種功能性角色本來就平淡無奇，無法把他們轉化成絕佳的員工經驗。他們在那些工作裡看不到使命，宣稱只有特定的工作，譬如藥物研究、神經外科等，才有使命可言。這種說法顯示出廣大的勞工選擇的都是夕陽工作，注定使自己的餘生百無聊賴。我必須大聲疾呼：員工不一定有機會做這樣的選擇，他們多半只是一個蘿蔔一個坑，但雇主卻擁有選擇權，他們可以把工作變成能夠將員工對公司的承諾極大化的員工經驗。每個工作都可以由使命驅動，不一定非得是功能不可。

你能想像自己打的那份工，只是要你每天在紙上畫草寫的L嗎？這樣的工作你做得了多久？一個小時？一天？簡直會讓人發瘋。每次我提出這樣一個選項時，大家都會發笑，認為這只是個笑話，他們無法想像這樣的工作做個幾分鐘後，誰還受得了？

嗯，不過這就是任職於書寫工具製造商萬寶龍（Montblanc）的艾拉・溫德（Ayla Wendt）的工作。艾拉是萬寶龍的筆尖測試員，做了二十年。每天，她負責的工作就是測試新鋼筆的筆尖，以確保筆寫在紙上時夠滑順。L是一個將草寫角度發揮得淋漓盡致的英文字母，所以她得以仔細檢視每一支筆尖。要是艾拉看待

她的工作是從筆尖測試功能的角度出發，幾個小時後她鐵定會覺得無聊到死。然而，她把它當做為簽署下一個和平協議做準備的重要流程。她檢驗的是會在下一個購併或整合案中用來署名的鋼筆。艾拉的筆在過去二十年來的國際場合中扮演過重要角色，而且因為她的存在，所以有了差異。

艾拉之所以能夠與員工經驗連結，是因為從客戶經驗的角度出發。在這個世界裡，筆早就形同大宗物資（而且假如你得寫字的話，會議室或你的飯店房間裡都有免費的筆可用），為什麼還有一家公司的筆售價能夠高達幾百、甚至幾千美元？萬寶龍做到了。它締造了一個無與倫比的客戶經驗，讓他們的寫字工具和其他筆商之間有著顯著區隔。他們明白客戶對目前匆忙局促的工作和生活環境的抗拒心理日益升高，科技不斷推陳出新，客戶卻覺得愈來愈失落與疏離，他們覺得自己不再是那個坐在駕駛座上的人，反而被一種無法掌控的力量逼得退居乘客位置。他們這種失去身分的感覺與匆促的世界連結在一起。

昔日，人們覺得如果一個人碰觸了一樣物品，那個物品就會和他們靈魂的某一部分產生連結；今天，在這日新月異、大眾量產的世代裡，如果還擁有這種想法似乎相當可笑。

是不是可笑，等你踏進萬寶龍的精緻工藝王國後就知道了。

萬寶龍將自己定位成與這個來去匆匆、大眾量產趨勢截然不同的一家企業。了解他們客戶的「忙茫盲」思維後，萬寶龍開始宣揚一種放慢腳步才能感受的理念。他們指出，他們的工具是一種個人化的表徵，一種要急駛的時間、科技列車暫停的方式，做自己就對了。這種經驗，反映在頂級的品質與獨特的設計上，客戶都樂意為此多付點錢。艾拉將自己與這種層次的經驗連結在一起，她想幫助大家改善生活，她希望他們都能夠表達出自己的個

人特質，尤其是處於這個庸庸碌碌的世間。這也就是何以她能夠打造不同的關鍵，為此，她願意將自己的熱情帶入工作中。

　　這種員工和客戶經驗的強力連結，在我們的年度客戶經驗管理研究中闡述得相當清楚：

- 非常同意他們公司提供了獨特的產品或服務的受訪者中，有80%的人同意他們公司值得客戶忠誠以待（在非常不同意者中比率為0%）。顯示假設認同公司的價值主張，他們就會據以行事。
- 非常不同意他們公司接受任何付得起錢的客戶的受訪者中，有75%的人同意他們公司值得客戶忠誠以待（在非常同意者中比率為44%）。
- 非常同意他們公司與客戶展開真正對話的受訪者中，有82%的人同意他們公司值得客戶忠誠以待（在非常不同意者中比率為0%）。

　　獨一無二、規畫完善的客戶策略，與高階主管對客戶忠誠度的認知之間的相關性非常高。許多主管對於為什麼客戶應該買他們而非對手的商品仍然缺乏基本認識。這種不諳實情的狀況，使得員工在接觸本身工作和客戶時，很容易出現落差。企業愈清楚客戶的價值和角色、愈懂得篩選適合的客戶，主管就愈認為他們公司值得客戶忠誠以待。認為他們公司值得客戶忠誠以待的受訪者，往往也同時提供了誘發忠誠的服務，達到一種卓越的新層次。

　　絕佳員工經驗的誕生，與客戶經驗的品質以及特殊性直接相關。兩者不僅相連，甚至還互相哺育。獨特的客戶經驗會強化員工經驗；員工經驗則有助於客戶經驗的傳遞。想發展員工經驗，必須先了解這種交互連結的關係。

員工忠誠度帶來客戶忠誠度

　　員工經驗對客戶策略的品質和結果影響巨大。無法設計、執行一個規畫完善的員工經驗，將導致整個組織難以區隔、建立一個具有吸引力的價值主張。我們研究所得的幾項重點包括：

- 同意他們擁有服務客戶的工具和權力的受訪者中，有80%的人同意他們公司信守對客戶的承諾（在非常不同意者中比率為37.5%）。
- 非常不同意他們公司接受任何願意付錢的客戶的受訪者中，有75%的人同意他們公司信守對客戶的承諾（在非常同意者中比率為52%）。
- 非常同意他們的主管經常面見客戶的受訪者中，有93%的人同意他們公司信守對客戶的承諾（在非常不同意者中比率為60%）。
- 非常同意他們對客戶角色清楚定義的受訪者中，有95%的人同意他們公司信守對客戶的承諾（在非常不同意者中比率為45%）。

　　上述史崔帝維提集團年度客戶經驗管理調查的統計資料，驗證了我們先前的論調。員工經驗與客戶經驗緊密相連。這項統計也凸顯了一個新面向：要讓員工相信客戶經驗，主管必須以身作則。雖然企業內部也許會辦一些活動，但員工會上行下效；他們據以評斷的標準是實際執行的事情。高階主管拜訪客戶的承諾，是一種足為表率、擁有使命的作為，這些行動和員工對客戶的整體經驗的認知息息相關。一個追求行動而非標語的組織，可望從一個絕佳的員工經驗開始，一路通達美好的客戶經驗。

你的員工為了什麼而工作？

員工行事不會只講技術。他們想達到的目標更大、更遠。從個人實現到貢獻感，員工追求的是一種與眾不同。員工希望自己像是個能夠發揮影響力的人，而不光是處理公文，他們想知道自己的工作非常重要。為了達到這些額外——不只是把食物放在桌上的基本需求——的目標，員工追求的是與使命連結、打造不同的一種方式。

我們觀察員工在工作場所的表現，呈現出如**圖8.1**的三種層次。從圖8.1我們可看到，受雇等級的各個層次都擁有其特徵、對企業的影響程度也不同。

1. **工作獵人**。這些人位於受雇等級的最底層。他們只是找個能夠付清帳單的管道。他們對公司成功與否不在乎，他們只忠於薪資。他們會禮貌性地喝你提供的免費咖啡、拿你付的薪水，付出的努力卻是少之又少。而且只要多給他們5%的薪

圖8.1　受雇等級

	思維	對業務之影響	流動率	承諾程度
志業	「我對世界的影響」	**強烈**	非常低	目標遠大
生涯	「這份工作對我有何影響」	中立	平均值	自私自利
工作	「下一個工作是什麼」	負面	高	只求苟活

水，肯定立刻轉檯。他們在工作上努力苟活，花的卻是你的時間和金錢。工作獵人的流動率非常高（如果他們沒有換工作，只是因為還沒找到一個更笨的笨蛋，能夠提供他們錢更多事更少的機會，因此，**你還是那個命中注定的笨蛋**）。他們的輕忽、隨便態度會影響**他們的**同事**和你的**客戶，所以對你業務的影響也是負面的。

2. **生涯規畫者**。這些人常常讓人摸不清。他們很會製造噪音，似乎顯得很忙。你很想相信他們對公司業務的投入和貢獻。但實際上，他們很自私；他們會讓自己的貢獻與收穫相等。他們在此是為了推銷自己和個人資歷，他們給予你的和他們收回的，恰恰等量齊觀。別受此噪音干擾；這並不表示一定有成果或許下長期承諾。他們是那些會用升職勒索你，或用「有一份更高薪的工作在等著他」要脅你的人。

3. **個人志業者**。這些員工身負使命。他們個人與公司的經驗相連結，認為自己的工作能夠打造不同。他們做該做的事，不是因為薪水或生涯的考量，而是因為那件事很重要。他們正在改變世界——雖然通常不過是個一人世界，但他們透過自己創造的不同，看到自己的角色。他們不會對自己的工作挑三揀四，反而引以為豪。

對某些員工而言，之所以位於「生涯」或「工作」層次只是因為缺乏使命。如果老闆沒有提供一種使命，他們自然就會回到技術本位的功能性角色，花最少的力氣苟活即可。缺乏良好的員工經驗與具有挑戰性的使命，迫使他們毫無選擇，只能落入「生涯」或「工作」層次。對其他員工而言，這是因為公司傳遞的員工經驗與期望的經驗搭不上，導致他們只做了基礎層次的工，無

法提升至「志業」層次。

　　無論是哪一種情況，如果企業想讓員工經驗發揮最大效益，就得做到兩件事：在組織內創造、溝通重大使命，然後把那些無法執行的不搭調員工淘汰出局。在淘汰這類員工時，其實是在做好事；說不定他們會找到一個更好、更適合的老闆，以達成他們的需求和期望經驗。

　　我們通常會在說明會中做下面的習題：「為你的理想工作下定義。它應該是什麼樣子呢？」答案一般不脫：

- 最好不用到辦公室上班
- 盡量減少電子郵件和電話會議
- 工作時間有彈性
- 錢多
- 專案性質而非不停付出
- 無需危機處理
- 工作時數有一定限度

　　以此為根據，我提供了一份工作如下：年薪15萬美元、在家工作、無須通勤、不用忍受塞車之苦、不用趕來趕去；無固定工作時數，可以自行決定如何完成工作；也用不著開電子郵件或電話會議。這就是你的**理想**工作。這個工作是打掃你住家周圍的下水道。而且你不能找別人代班。這是你的工作，完工就回家。你想做這份工嗎？

　　你還遲遲無法決定嗎？那麼20萬美元如何？50萬的話呢？要是你接受了這份工作，你能夠維持多久？一個月？兩個月？六個月，到頂了吧？

　　願意接下這個工作的與會者通常不到10%，雖然它如此符合

理想工作的定義。那麼為什麼大家會拒絕這份工作呢？

因為他們不只為錢工作。根據馬斯洛（Abraham H. Maslow）的需求架構，人類需求的層次相當多重。薪水所表彰的物質需求只是其中的一環，一旦員工的基本需求獲得滿足後，會開始尋求其他需求。問題是，我們在設計工作時，從來不會超越薪水和物質需求的層次，我們與員工溝通、陳述的也僅及薪資一角，其他都不提。企業從來不會費心於設計、執行一套能夠涵括員工所有面向的機制，有些公司甚至根本不願這麼做，他們會說那不干他們的事。不過，不想以全視野的角度觀照員工，無異於放棄發掘他內心的熱情、承諾和關懷的動力，結果，人人都想有快樂、投入的員工，卻無法給他們一個變成那樣的理由。我們把經驗維持在一個基本、薪資驅動的層次，無力驅使員工許下承諾。

再造員工經驗

如果你認為自己旗下的工作團隊主動積極、擁有獨特規畫的員工經驗，不妨看看你的周圍。他們面帶微笑嗎？這是一種很簡單的石蕊試紙測驗法，能夠讓你檢測出實際狀況。在這件事上，你用不著做什麼滿意度調查、驗證各方蒐集來的意見。只要看看你的周圍。

在與企業客戶共同定義邁向客戶至上、客戶策略的必要步驟時，我注意到一個有趣的現象。針對我說的話，高階主管非常贊同其中的50%，並選擇忽視其餘的50%。雖然他們認同應該重新定義其價值主張、為客戶打造美好經驗，卻沒興趣為員工做相同的事。他們覺得對客戶需要下比較大的說服、招攬功夫，因為他們有很多的選擇，但員工可不是這麼回事。員工，長官們多半認

為，肯定會依照指示行事，所以，沒必要多花心力取悅他們。

抱持這種態度的典型徵兆是缺乏把工作做好的工具。企業期望員工變成自動化搜尋引擎，穿梭在公司錯綜複雜的應用程式與資料庫系統裡。這種流程，不僅浪費他們自己的時間，也浪費客戶的時間，結果還是無法傳遞可創造利潤的絕佳經驗。主管不認為提供員工新式、快速的工具，對員工經驗與滿意度有何重要性可言，在「管理」這件事上，員工應該有辦法做到，不會，不會有任何閃失。

這種想法衍生的問題相當嚴重，我寧願這些長官沒有接受我那50%的訊息，也沒有擬定過任何客戶經驗策略。沒有員工經驗就沒有客戶經驗，員工是客戶經驗的創造者，要是他們自己沒有良好、愉快的經驗，根本就沒有辦法傳遞這樣的東西給客戶。無論是產品、服務的創新或額外的客戶服務，都得透過員工以穩固與客戶之間的關係，而員工經驗是讓他們樂於這麼做的途徑。你不能只想做一半，不要另一半。就這麼簡單。

實際上，員工不是機器人。如果你總是對他們下指令，他們就只會運用一部分的能力做事，他們會執行被訓練過（就像狗一樣）的功能，但不會在乎。把焦點放在執行指令和完成任務會耗盡公司最有利的資源：關懷與協助的熱情及意願。你的薪資方案能買到他們所有的機械式功能，卻永遠觸及不了他們的心，開啟不了他們的熱情、冒險的慾望、團隊合作的意願、超越的潛能、面對改變的勇氣。開啟他們的心的鑰匙藏在他們的經驗中。

如果懂得定義我們想創造和傳遞的客戶經驗，了解這些經驗得以傳遞出的情感和期望，企業就勢必能夠打造出成功的員工經驗，吸引並留下那些能夠做好傳遞使者任務的夠格人員。

再造員工經驗需要投注的承諾與資源，和重新設計客戶經驗

一樣多。而你的回報，將是超過十倍的員工創意、員工生產力以及（無限的）客戶承諾與忠誠度。這種方式創造的不是一種更大的影響，而是龐大的乘數效應，絕對讓你的付出物超所值。

員工經驗再造指導原則

⊙養成一種文化

我們先前提過，只與員工的最低層次需求連結是一種常見的錯誤，它導致員工的回應都差不多，也不太在乎別的。再造員工經驗的宗旨在於解放你的團隊成員的力量與潛能，目標在於讓他們想使出渾身解數創造難忘的客戶經驗。正面的員工經驗與正面的客戶經驗雷同：讓他們覺得自己被需要，待他們以慷慨、而非試圖導向一種效率化的關係模式，提供互動與對話等；說穿了，就是一種養成的態度，而非管理。記住，員工會遵循你的領導，日復一日，我們聽到的都是全球領導人，有誰聽過全球管理人？

如果管理的目的在於催生數字，那麼養成一種文化的目的則在於以一種會讓員工想做事的態度對待他們。卓越不會來自於付他們錢，事實上，全世界的錢都不足以讓一個員工真心微笑。你以前應該看過這種臉：空服員總是逼迫自己面帶微笑，因為他們會告訴自己必須這麼做。這樣的微笑就像是抽動顏面神經，通常換來的是乘客的無動於衷，而不是心存感激，乘客感覺得到其中的不誠懇，所以並不欣賞。

真心只會來自於員工真的想關心，因而使其有所不同。做為一個經理人，你可以透過一些元素很輕易地養成並貫徹一種你想要的文化：

- **使命感**。為什麼員工應該加入你們公司？你提供什麼樣的機會讓他們在這世上與眾不同？與你共事，他們擁有什麼全力以赴的機會？如果你想激發出一種強力、投入的使命感，這些是其中幾項必備問題。員工會期望你提出一種與客戶經驗連結並對公司產生正向影響的使命感。

- **功德簿**。為了讓使命感瀰漫四周，你必須打造一本功德簿，裡面記載著你的員工超越期望的表現事蹟。這本功德簿是你對卓越的定義的地圖。你收集的故事愈多，這本簿子愈常更新，你的執行成果就愈佳。功德簿能夠讓你昭告員工你的任務宣達是玩真的，而且你執意將之付諸實現；功德簿也能讓他們看到並相信這個任務及期望該任務帶來的影響。這是一本「活生生」的簿子，目的在於記載更多的貢獻，讓更多人傳閱。經理人召開部門會議時，必須將這些事蹟融入其中，並不時提醒大家公司追求的是什麼樣的行為。

- **公開表揚**。為了鼓勵這樣的行為，就像任務宣達中陳述的，你必須創造一個鼓勵員工打破成規的機制，以便改變他們的執行方式，必須設計一個公開表揚機制以支持你達成目標。員工需要知道你容許他們為了客戶而打破成規，而且這種破格行為還會獲得獎勵。有一位客戶提過，他們公司針對這樣的行為有個規畫完善的專案，不過當我們問到這個專案是否設有預算時，他回答沒有。這個專案出爐了，也跟大家宣布了，卻不過是口惠罷了，背後缺乏實質的執行力量。另一位客戶說他們三年來只有兩位員工得到過這項獎勵。這也就是為什麼我們看到許許多多類似的專案最後都消失在黑洞中的原因，它們變成笑話，沒人把它們當真。與任何想法或願景一樣，這個專案的評判標準仍然在於執行力。

- **善用其個人偏好**。近來,微軟和其他企業都開始允許、甚至鼓勵員工在部落格談論他們的工作。員工開始分享即將誕生的新產品的細節以及公司的文化、氛圍。這些企業明白他們需要有一種和客戶連結的更好管道。他們發現個人化、未經監管的部落格對客戶而言具有強大的吸引力,這些客戶通常被企業的繁文縟節拒於門外,轉而尋求一種人性化的接觸、人性化的溫情連結。容許員工透過個人的偏好與客戶產生連結,能夠讓公司善用員工和客戶的情感。這種連結無法被創造或透過其他方式複製。企業容許部落格上的意見交流,無異於對客戶發出一種訊息,表示他們做為生意對象的人就像他們一樣。對員工的訊息則是公司將他們的偏好和私人生活視為與他們的產出同等重要。

- **提供人際接觸**。與員工的個人層次連結,並不表示立刻能夠換來他們的承諾。生日、情人節及其他生活中的活動,都是創造聯繫員工私人情誼的機會。如果員工看到你花了心思關懷,他們也會花心思去關懷。

在打造絕佳員工經驗上,還有一些其他支援設備必須到位。

⊙檢視工具

你的員工是否擁有適當且最新的工具以有效完成工作?在一次我們舉辦的網路說明會中,我們問與會者擔任客服的員工必須精通多少種應用工具。讓我們非常訝異的是,35%以上的與會者表示,他們的客服人員必須精通10種以上。這個數字非常高;多數的高階主管和執行長運用的工具最多不超過3-5種。拼拼湊湊的資訊系統分開安裝,缺乏全盤計畫,致使提供給員工的往往

是不清不楚的工具，不僅浪費時間，還阻礙員工把事情做對。其實傳一個重大訊息給員工再簡單不過了：「你沒重要到讓我們為你花錢投資在更好的工具上。你的工作沒什麼大不了。」如果一個客服人員必須浪費時間從許多舊資料庫裡抽絲剝繭，以便為客戶找到一個最簡單的答案，那麼他會突然領悟到，要是這件事這麼重要，公司應該會讓這些適合的資源較便於使用才對。基於公司缺乏投資的印象，會使得員工的服務和關懷層次下降到公司行為所表彰的層次。員工遵從的是公司做了什麼而不是說了什麼，他們看到資源投資在哪裡，就會依此編排事情的優先順序。

如果服務客戶、創造美好經驗被列為首要之事，那麼要大家拿著老式、笨重的武器上戰場就顯得相當不合理。配備著這種工具的員工，無異於派裝備著1913年武器的軍隊去參加一場2004年的重大戰役，注定鎩羽而歸，形同打開城門迎接敵軍入關。

企業不斷想方設法降低成本，好讓自己變得更有競爭力。為了達到這個目標，他們必須檢視員工經驗，以確保提供了員工取得相關訊息的必備工具和管道，讓員工變得更有效率。不過我們往往看到的是一種七拼八湊的方案，譬如增加IT系統訓練或改變薪資制度，只不過是迫使員工自行打通該公司錯綜複雜、無所適從的系統的任督二脈。請不要再用你的左手搔右耳了，完全不對頭，該是指出問題癥結、更新這些系統的時候了，如此，員工才能更有效率、更有生產力。企業可以一邊維持現有系統和資料庫的投資，一邊進行員工和客戶經驗的改良工程。該給予2004年的軍隊打贏這場戰役的武器了。把客戶帶回家，並且讓他們留在你們的家園。

再造員工經驗最好的起步就是讓員工知道，你正在做的投資是要讓他們工作得更有效率，而不是把他們的時間浪費在可以自

動化作業的無聊、無益的事情上。

⊙授權：給得多、收得少

運作是一種概念還是模式？授權是那種每個經理人都宣稱會給予的概念之一，不過員工似乎都覺得他實際上並沒收到。很奇怪，對不對？經理人表示他們會授權，而且不再插手細節，但是大部分的員工聽到這種宣示時，多半只是轉一下眼珠子，因為他們深知這種所謂的授權從來不會真正落到他們的桌上。擁有執行的權力非常重要。要是你不信任你的人馬，就別雇用他們；要是你用了他們，就別綁住他們的手、妨礙他們做事。

經理人應該學著用新的角度看授權。舊的觀念認為我授權愈多、我的重要性就愈低。有些經理人會把授權視為搶走自己手中的工作，然而事實決非如此。經理人必須認知並且接受授權能夠讓他們看起來更稱職，他們顯得稱職，不是因為什麼決定都自己下，而是因為他們的員工能夠做到這一點。經理人的角色是提供準則、指導、支援其員工任事。

在此做個提醒，授權通常包括：

- 賦予立即解決問題的權力，不需要經過額外的同意流程。
- 針對補償客戶，提供可自行處置的資金。
- 分享客戶以及他們與公司之間業務往來的所有資訊，以便評估客戶的狀態與需求。
- 在出現爭議時，支持員工的決定。

家居用品公司Bed Bath & Beyond致勝的關鍵因素之一是以地區性商店為重，每個店經理可以決定七成擺在他們架上的產品。該公司決定根據當地需求客製化上架的產品種類，而不是以經濟

規模的角度思考、指揮店經理該怎麼做。這種做法完全授權店經理，店經理則必須自負績效。授權伴隨的是責任感，通常如此，店經理覺得如果公司信賴他們而委以如此重任，自然應該表現給公司看。至於其他以全國連鎖店為主的同業，因為產品的配置來自總部，所以店經理也毋需負什麼實質的區域性責任。Bed Bath & Beyond的店經理能夠提供客戶真正想要的東西，因為他們每天在店裡都可以聽到客戶的心聲。授權引發一種絕佳的經驗、一種為績效負責的文化。

授權屬於管理濫用的概念之一。所有的經理人都覺得自己的確授了權，員工卻發誓從來不覺得被授過權。追求創造、傳遞無與倫比員工經驗的企業應該在此鴻溝上搭起橋梁。檢視一下授權在你們的企業經營上到底意味著什麼，然後開始傳遞給員工。

⊙麗池卡爾登的員工經驗

麗池卡爾登飯店（Ritz Carlton Hotel）授權每位員工在兩千美元的預算內得以自行解決客戶問題。也就是說，如果某位客人問麗池的任何一位先生或小姐（麗池的員工），這名員工都獲得授權在兩千美元的預算內立即解決客人的問題。該飯店不希望員工把問題丟給適當部門或尋求他長官的許可，而是希望他們盡力解決問題。他就是這個問題的負責人，直到解決為止。

麗池的這項政策凸顯他們信任員工的態度。他們精挑細選出來的員工，必須擁有常識判斷、解決問題的能力。麗池飯店也提醒服務人員，滿足客人的需求無藉口可言，同時，沒有任何程序或經理人得以阻止他們完成一個正面的整體客戶經驗。

過於慷慨、確保員工擁有較多總比不足來得好。非常可能的情況是，員工因為越權而犯了**一個錯**，卻同時取悅或贏得**一百個**

客人的芳心，他們會驚訝於你的員工迅速解決問題、而且處理得相當令人滿意的能力。

記住：如果你不信任自己的員工，就別雇用他們；如果雇用了他們，就請給予他們執行的工具。總之，他們的成功也就是你的成功。

對狗用訓練，對人用教育

教育，在有關業務和客服人員的訓練上用得非常廣泛，不過每回我們跟客戶一起共事時，總會發現同樣的症狀重複出現。

訓練專案代表的是一系列的限制，綁住員工的手腳，提供他們為何**無法**做好服務客戶的最佳藉口。訓練專案因為側重控制，因此講的是遵循程序、嚴守規則，所以員工收到的訊息是：程序才是最重要的。另一方面，原則至上的教育也難以讓員工運用常識解決問題、傳遞一個快樂的經驗。

當你用程序及教條訓練員工時，訓練的重點全圍繞著公司事務打轉。透過這樣的流程，你卸下了他們所有應負的責任感，因為他們了解到自己唯一的責任就是遵循教條。通常，績效評量也會側重這個部分。

不妨讓我們回到原點：名詞解析。**訓練**是對狗；我們訓練狗重複同樣動作、用不著思考。對人則是用**教育**和**學習**；我們教育他們勇於承擔責任、貢獻一己，然後放手讓他們做。改一下所用的詞彙吧。

新人加入網路花店1-800 Flowers的客服團隊時，都會收到一本滿載著感謝信函的厚重冊子。他們在讀這本冊子的同時，也會被告知任務就是收集更多的感謝函。至於怎麼做到，全看他們自

己。1-800 Flowers是從取悅客戶的角度來定義其企業經營，因此對客服人員下達的指示，就是把自己當做感謝函的生產者。該公司的教育經驗中另一個有趣的面向是，他們下指示時用的不是程序，而是案例和故事。這些故事讓新成員與工作所需和期望經驗產生連結，使他們在和客戶互動時得以直接套用、很快上手。

一個好的員工教育專案應該專注於提供讓員工全力發揮的財務資料，並授權他們運用常識、常理解決客戶議題。至於你的員工必備的重要資訊則包括：

- 公司財務資訊
- 產品或服務的毛利和成本
- 客戶歷史資料
- 客戶產生的利潤
- 客戶喜好
- 處理一則抱怨的平均成本

如果員工沒有這些資訊，就難以區分客戶。他們無法針對不同的客戶給予不同的服務，他們在缺乏商業和企業資訊的情況下作業，勢必只能提供平凡無奇的服務和經驗，因為他們缺乏做得更好的背景資料。上列的財務數據能夠讓員工以資判斷並應用於他們下決定、做決策之際，如果手邊擁有這些資訊，他們就能更快速、更有效地解決客戶問題，並提供與客戶價值對等的服務。

此外，擁有正確財務資訊的員工等於享有相對較佳的員工經驗；他們知道老闆信任他們的商業判斷，這象徵著他們對整體經營責任的參與度。

為了讓這些商業資訊發揮效益，完善的客戶至上學習專案還應該擴及其他幾個面向才能確保員工已做好上場準備，包括：

- **技術**。建立熱情與鬥志之後，員工必須具備有效完成工作的技術。技術的教導與精通應設定在此時，而不是之前。

- **關懷：運用案例和成功故事**。關懷很難教，不過透過故事和例子，員工能摸清楚公司要的是什麼。透過活生生的例子，公司能夠也應該會讓員工對公司追求的關懷意念更加了解。

- **角色扮演**。由於與每個客戶的互動都會觸及許多面向，而且每個人都不可能和另一人完全相同，因此角色扮演是非常重要的步驟，它能夠建立起員工的信心，讓他們有能力處理各種情況。此外，也得以藉角色扮演洞悉客戶的思維和關心的議題。

- **財務知識**。除了前面提到的財務數據，其他任何財務知識也都能增進員工對於企業整體經營狀況的認識。同時，也可以提升他們運用這些知識以提供給每位客戶正確經驗的能力。

- **處理期望**。期望是人類生活的一部分。每位客戶都是獨一無二的個體，與任何人都不同。客戶通常不會剛剛好適合企業打造的模型，和他們打交道需要一套精緻的、涵蓋案例與指導原則的教育專案。

- **指導**。接受初期的教育課程後，還需要有指導的過程。指導的目的在於強化現有的原則，提醒他們善用那些財務知識以區分客戶，同時也可以引導員工修正錯誤。強調好的行為、強化新進成員的信心，是指導的另一個重點。

- **打造卓越的文化**。支援整個教育專案的動能來自於卓越的概念，運用工具、提示並灌輸他們公司所追求的卓越的目標。應該收集一些彰顯卓越的故事，並請大家傳閱，這些從員工本身行為集結而來的故事，得以強化公司在兌現其許諾的經驗上的承諾與能力，它們足以激勵所有員工持續追求卓越，

進而提高整體的卓越標準。

⊙ 了解原則與程序

雖然大多數的學習專案都把焦點放在程序和規則上，但它們其實應該轉而提供員工指導原則，然後放手讓他們依據每一次的特殊情境做對的事。以下所列的內容不只是用詞不同，而是以程序為主訓練系統與以原則為主學習專案之間的根本差異。

原則	程序
提供指導原則	高度控制機制
容許解決例外問題	列出預先設定之問題
授權員工	員工未獲授權
提供更快速的解決方案	微薄信賴度即可
扁平式解決系統	無需常理常識
需要高度信賴	以員工遵守規則情況進行評量
需要常理常識	分層負責延遲解決時間
打造更強的員工責任感	多層次解決系統
以員工打破成規情況進行評量	

訓練講的是控制員工、要他們為執行程序負責；教育則是教導員工企業經營的基本原則、讓他們運用常識去取悅客戶：這是和員工打交道的兩種方式。前者釋出的訊息是：他們最重要的事就是遵循規則；後者則授權他們在關懷客戶、解決客戶問題上全權負責。

檢視一下你的訓練專案，刪除不必要的規則和限制，改成教導他們商業指導原則。如此一來，員工才有辦法了解你在經營和財務上關切的議題，並在服務客戶時將其考量進去。他們需要明

白不同的客戶必須以不同的方式對待，而其依據則來自於他們和公司之間整體的業務往來。他們應該清楚你的利潤結構和年度客戶價值，以便為某些問題選擇正確的賠償方案。與其控制他們，不如解放他們，讓他們在執業時能夠對企業經營的原則有更清楚的認識。

我想起近來有一次搭維京航空（Virgin Atlantic）從紐約飛到倫敦的經驗。旅程中，娛樂系統壞掉了。結果，依照經濟艙和商務艙等級的不同，乘客立刻就獲贈免稅品或1萬哩的賠償方案，讓我非常訝異。座艙長對我說，類似這樣的突發狀況並無制式程序。然而，處理一則抱怨的成本是25英鎊（約合50美元），而這還只是解決事情**前**的成本。空服人員運用他們的常理常識，立即做了決定、解決問題——客戶都還沒來得及發出抱怨。（多棒的概念啊！）

如果事情可以這麼簡單，為什麼企業卻不這麼做呢？其中一個原因非常明顯：他們沒有完整的資料。多數的企業從來沒有計算過一則抱怨的成本，這個部分其實做起來很容易，難的是權力的分派。經理人往往覺得如果他們把這樣的訊息分享給員工，就形同讓出太多的權力，讓自己的重要性變低。該是讓此類經理人了解權力不是場零和遊戲的時候了。你給的愈多，擁有的也就愈多，你的部屬表現得愈好、愈能夠取悅客戶，主管自然也會看起來更得體。該是把責任丟回給它所屬之地——提供服務的員工手上——的時候了，賦予他們應有的知識、讓他們放手去做。

討好員工：他們也是人

你是否占盡員工便宜？你引發的是他們內心的熱情以及協助

與關懷的意願，或者只是他們像個機器人般執行指令的能力？想善用員工的潛能，你必須對待他們像對待客戶一樣。你必須對待他們以同等、且超越他們期望的驚喜、愉悅，讓他們願意對你付出所有的心力。你也許可以強迫員工執行交易，卻無法強迫他們真心微笑。奠定美好客戶經驗的真心微笑，來自於他們個人的蓄水池。雖然強迫不了，但你可以灌溉它。

善待他們，用你的關愛感動他們，那麼他們也會關愛你的企業。讓他們看到你的承諾，他們一定會回報你。

薪資：追逐錢的蹤跡

在進行員工經驗再造時，你決定薪資與獎勵的標準為何？某些企業只有本薪。這種方式不僅會導致員工不在乎，還會釋放出額外努力沒用的訊息。以為員工會在沒有獎金的前提下做超出他基本薪水的事，無疑是一廂情願的想法。

另一種廣泛使用的策略則在於強調提升生產力和效率，這種模式提供的獎金是以量為本，而非質；量的基礎為業務目標、生產量、服務案結案、潛在客戶數量的達成情況等。然而，只要仔細看看這些薪資方案，你就能得到一個很清晰的訊息：生產現場才算數。通常，幾乎沒人會把重點放在品質和客戶接受度上。如此一來，這些公司永遠也無法締造有意義的客戶策略，因為他們的薪資規畫與客戶至上的目標正面衝突。最後，員工只會做公司花錢請他們做的事，其他的就算了。

績效評估和薪資方案必須反映出客戶至上的目標，才得以確保策略奏效。在第十章重大抉擇九中，我們會詳談客戶至上的績效評估和薪資方案的準則。

　　當你展開再造員工經驗的工程時，必須小心你的員工很可能會抱持著保留、懷疑、批判，甚至是更激烈的態度。他們的確應該，歷經1990年代高喊員工是企業的關鍵資產後，卻讓他們在2000年代初期看到企業的另一個樣貌：一個無動於衷、面目模糊的組織機器給了他們一個冷冷的肩膀，所有的焦點都跑到降低成本上，視他們為其中一個成本來源。重建信賴需要時間，你得彰顯公司將推行一項可永續發展的專案並進行實質投資，而不是只在T恤或海報上作作文章。如果你真心努力，你的員工終將相信你所說的並加入你的陣營。

　　員工和客戶共享同一屬性：他們都是人。這個屬性使他們能夠和客戶產生連結，這與透過網站自動服務系統或IVR電話語音系統的成效大不相同。員工得以創造出美好、正面、富感情的經驗，贏得客戶的心，打敗對手。想達成這些目標，有兩大必備條件：提供工具、激發熱情。提供員工新式、高效的工具，無異於傳遞出一個訊息：你重視他們的工作和角色，這個新的經驗將成為引發他們熱情與承諾的重要步驟。

　　如果你的企業正在打造一個客戶經驗策略，而且追求的是以降低客戶流失率、提高現有客戶月貢獻度為基礎的理想財務面回報，千萬別忘了那兩大要件。員工經驗是通往客戶經驗的道路，缺了其中一樣，另一樣就不存在。不要再落入以前的捷徑陷阱。提供美好的員工經驗得以向他們高調彰顯出你所追求、希望傳遞的是什麼樣的客戶經驗，他們會以更好的客戶經驗回報你。為你的同仁創造一個美好經驗，其餘的，他們會幫你搞定。

PASSIONATE

第 九 章

重大抉擇八

售後對話與服務
——我們真的在乎嗎？

&

PROFITABLE

　　惠而實不至會掩蓋第八項重大抉擇的真相，就像其他抉擇一樣。雖然在銷售前曾經許下一些承諾，但大多數公司卻沒有足夠的人力兌現這些諾言。你是否經常看到企業的總經理高談承諾，而你的同事們卻轉著眼珠子，一副存疑的樣子？如果你覺得這樣的場景十分熟悉，你們肯定也是那些只把售後服務視為從客戶荷包裡再撈出一點錢來的公司，認為售後服務是公司還沒找到閃避之道前的必要之惡。

　　售後服務單位往往都處於人手不足的狀態，因為財務長視之為營業費用，是為了催收應收帳款而設的單位。企業從來沒打算實踐諾言，更別提建立與客戶之間真實、長期的對話模式。事實上，他們是救火和結案大師。他們只長於交易談成後，客戶留下支票，開香檳慶祝。

　　這也就是為什麼許多企業在售後服務方面都人員不齊、缺乏組織的原因，儘管那是個絕佳的潛在機會。開創打造長期關係基石的真正對話是一個重大議題，它會凸顯出企業的與眾不同，因為他們重視的不是業務人力的順暢運作，而是服務人員的執行能力。

　　重大抉擇苦苦哀求大家注意它的重要性，不是因為多數公司的承諾傳遞系統都不堪用，而是因為我們總是在銷售階段時過度強化了期望。我們讓客戶以為我們非常有誠意和他們發展實質的夥伴關係，卻心知肚明自己根本沒有能力（在亮麗的外表背後）實踐這些諾言。你最好別做任何承諾，如此至少你的客戶不會失望。

　　企業必須面對這個重大抉擇，決定自己想走的方向。開出期望的空頭支票，後來只會導致客戶的失望，這可不是經營企業之道。

惡行一：求新的文化

在採購單上簽了名卻無法兌現並非新鮮事。此情況源於多種問題，其中之一是**求新的文化**。身為人和企業，我們都喜歡新玩意兒。我們喜歡推行一項新專案，我們推崇帶進新客戶的遊說高手，而且我們向來追尋新產品、新想法。「新」在文化層次上廣受愛戴、眾人嚮往，我們擁有愈多新的東西，成績就愈好。

不過，維護就是另一個不同的議題了。維護說的是舊事物，是無趣、重複的玩意兒，一點都不像「新」這麼振奮人心、這麼吸引人。可沒有人會因為保持舊樣而獲得拔擢，我們獎勵維護與獎勵新事物——新業績、新產品上市、新分支機構設立、新的全球化擴張——肯定大不同。「新」是我們樂於從事的事，維護卻只是我們不得不做的事（而且多半都違背我們的意願）。

這絕對是文化效應——一種橫跨我們私人與專業生活的文化——導致我們忽略、輕視售後服務功能及其重要性。「這些是老掉牙的客戶。我們要專注於新客戶。」我們與典型的密室組織一樣，把剛找進來的新客戶、現存的舊客戶都丟過牆去交給維護人員處理（最好只花一點點錢）。

惡行二：吃定客戶

客戶關係概念常常被另外一個問題絆住，因而影響到售後服務的發展。站在企業的角度，我們經常說客戶這、客戶那，但所用的字眼如果應用在自己身上，我們肯定不會接受。**攻陷客戶**就是一個例子。沒有客戶想要被攻陷，沒有客戶會同意處於一種他被視為戰利品的關係中，換做你，會嗎？

　　我們在使用這些字眼時，它們將不僅止於字面上的意思，也會被帶入行動中——我們對待客戶的方式。一旦攻陷一名客戶，我們就會往下一個「目標」邁進。我們吃定了被攻陷的客戶，不會再往下一個層次努力——為什麼要？反正攻陷流程已經完成。但客戶代表的其實是一段旅程，而不是一個目的地，我們必須以長期投資的態度對待他們，而不是當做季底業績的填充物。

　　說不定你不想承認這些事實，卻認為仍然能夠堅守你的標語「客戶是一項終生承諾」。沒關係，有一張非常簡單的石蕊試紙能對此進行檢測。看看你的業務人員薪資方案以及業務資源配置：服務現有客戶以及聚焦新客戶的人員編制如何？通常不都是把開發新客戶的任務交給那些遊說高手，業務新手則負責後續維護現有客戶的工作嗎？如果是這樣，你的標語和高調理念都沒有通過這項檢測，標語和你的牆面很配，卻無法化做你經營企業的可行方案。

　　一旦明白這個事實，我們針對售後服務與對話而來的投資便順理成章。事實上，這樣的投資不會再被視為「售後」功能，售後服務會成為下一次銷售的推手，自然值得這樣的資源投入。此類資源的成本不再被視為是侵蝕首次銷售的產物，而是透過提供品質更好的服務和產品，以更省錢的方式創造出額外的業績。這是從另一個觀點看待客戶整體價值以及應該提供的服務，銷售只是其中的一個點，不是全部，真正的業務和終生整體價值的決定者是服務。

提供真實經驗與關係：四大關鍵檢視點

　　從客戶的觀點而言，有幾個檢視點或里程碑得以測試出關係

的誠意與否及是否有長期打算。現在的客戶對於初期釋放的討好訊號相當存疑，他們經歷過非常多回，某位口才便給的銷售人員信誓旦旦地保證所有事情都沒問題，不過前一秒才簽好單、付過錢，後一秒就不見了人影。客戶針對這種透過廣告、行銷或業務工具誇下的諾言已經發展出一種麻木機制，如今，在承諾一段關係前，客戶得先看看廠商這邊給的承諾的真實性如何。基於長久以來的「高度期望、低度結果」經驗，他們現在使用更嚴苛的標準，以確保自己不再受騙上當。

客戶援用的四個檢視點（詳**圖9.1**）包括：

1. 抱怨處理
2. 意見管理
3. 獎勵客戶
4. 客戶經驗指數

圖9.1　客戶對話：四個檢視點

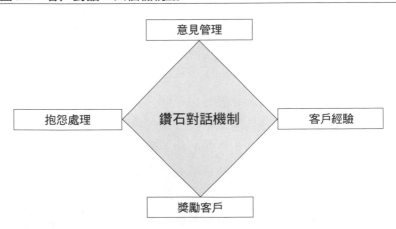

如果廠商通過這些檢查，就能夠贏得客戶的心，建立起一段有利可圖、永續發展的關係；通不過的話，無異於再次向客戶證明廠商果然缺乏誠意、不值得信賴。如果你面對著一個手握一長串失望經驗的客戶，千萬別氣餒，事實上，這種情況猶如打開了一扇機會之窗，正因為有許多公司都在這場考試敗下陣來，你更應將其視為一個與其他廠商區隔、建立忠誠度的關鍵機會。當你的對手增加行銷預算時，你應該反向提高售後服務預算。想贏得最重要的戰役，必須證明你的誠意和承諾，廣告宣傳活動無法建立起與你的優良服務、持續經營同等級的承諾，因為唯有後者才通得過四大關鍵檢視點。

不妨讓我們逐一探討，以便更深入了解客戶期望以及如何實現些期望。

⊙ 抱怨處理

許多組織往往誤解了抱怨這件事，抱怨的客戶往往被視為且被待以一群想討點小便宜的乞兒，從財務長的角度而言，這些是讓他們毛利下滑的「奧客」。抱怨和抱怨者通常讓企業覺得既討厭又浪費資源，因此在處理抱怨時也抱持同樣的心態。企業一方面無法認清實際問題，另一方面又要讓那些「貪小便宜的乞兒」難以達成願望。

實際上，抱怨代表的意義截然不同。外面有任何貪小便宜的乞兒嗎？當然有，在任何體系中都一樣，肯定會有濫用資源者。不過他們能否代表大多數人？我敢說不能，而且不應該因為少數幾位濫用資源者就一竿子打翻一船人。企業應該扭轉對抱怨的認知，如果知道不滿客戶中只有2%的人會真的花力氣抱怨，我們就會明白抱怨是對公司信任度的最後一次投票。他們傳遞出的訊

息是：「我們仍然相信你跟我們的關係。我們給你最後一次修正的機會。」他們與大多數的客戶不同，後者會直接放棄、連第二次機會都懶得給，而抱怨者卻是那群仍然相信你的人。他們往往是對這段關係（利潤較高、為時較長的關係）有著高度興趣、投入較深的人，因此會試著找一個不要轉投他人懷抱的理由，他們打電話來抱怨，希望你能夠提供他們一個繼續留下來的理由。

如果依菲利普‧科特勒（Philip Kotler）所言，一名新客戶的成本是現有客戶的五倍，我們幹嘛排擠那少數願意給我們第二次機會的人呢？我們又如何通過第一層考試，證明我們對客戶是真心承諾呢？

由於抱怨者被當做「貪小便宜的乞兒」的負面認知，導致很多企業在處理抱怨時的態度不一、充滿自衛性。看看你們公司的指導原則，說不定你會發現一個干擾判斷、破壞信任的流程，把你們員工的手綁了起來，讓他們無法立刻予以解決。

在檢視抱怨時，我們把它們分成兩種類型：能夠解決的和無法解決的。能夠解決的抱怨比較簡單，假設客戶來電抱怨帳單錯了，你應該在第一時間立刻解決這件事，可以解釋錯誤的原因，或者是修正帳單以符合實情。前提是，員工有獲得充分授權進行道歉，以及為此錯誤而提供一些小小補償的可能性。確保你的員工擁有立即解決此類抱怨的權力，讓運作流程扁平化，把權力和教育轉到首先接聽電話的第一線人員的身上。

無法解決的抱怨的問題往往不太清楚。為什麼會有人要打電話提出解決不了的抱怨呢？只是為了出氣嗎？我敢說他們肯定已經對朋友或家人這麼做了（所以，他們已經在潛在新客戶中散播了你的壞名聲、增加了你的成本），這些人也一定已經撫慰了他們受傷的心靈、把滿腔的同情灑滿他們全身。這些客戶幹嘛要把

自己投入不必要的等待時間，聽那可怕的音樂和惱人的訊息，只為了和一個看不到臉、毫不在乎的員工講到話？

原因在於他試著想讓自己的處境重歸平衡。要是他們忍受你們出錯所造成的結果，他們的生活就會失去平衡。他們覺得好像自己一肩扛起你應該承擔的包袱；他們負起你應負的責任。他們不喜歡這種感覺，他們希望處在一種均衡的狀態，應由雙方各自承受自己的造業結果。他們是在要求你負起責任，說一句虛情假意的「抱歉」解決不了問題，就算你的「抱歉」很真心亦然；它只會加深他們的不平衡感，覺得自己何苦忍受不是他們做的事或不應該由他們負責的事的後果。

所以答案是：他們尋求的是行動，而不是空口說白話。他們尋求的第一個行動是某種形式的金錢或價值賠償，代表的是一種具體責任感的認知，可以簡單到譬如一張音樂CD或贈閱雜誌，不過你提供的東西肯定得展現出你認知到這是你們應負的責任。這種具體交換有助於他們回復情感上的平衡，讓他們看到你在這段關係中是個有責任感的參與者，因為你願意對你的行為負責。當然，這個賠償的價格須與錯誤的程度相對應，我們並無意在此提倡應該用一個500美元的禮物補償一個價值25美元的錯誤，客戶也不會這麼想；不過同樣地，回收一輛有問題的4.5萬美元房車也不能就此算了，或只給一張3美元的咖啡折價券當做賠償。

另一個期望中的行動是為將來的客戶修正現狀。抱怨的客戶從繁忙的事務中抽身出來與你溝通，只是為了對這段關係付出心力，他們希望它得以茁壯、改善，而不是每下愈況，他們的抱怨是希望你能夠重視該議題，並確保會加以修正。光是意識到還不夠，客戶要的是改正此一情況。他們願意忍受一次性的錯誤、也願意原諒你（當然，因為你協助他們重歸平衡），但可不樂於忍

受同樣的錯誤再犯；果真如此，就算是全額退款的保證也不足以贏回他們的心。通常，客戶已懶得動用全額退款的保證機制，他們會直接把生意轉到其他家去。因此，企業內部必須謹慎處理抱怨，並避免未來再犯。讓客戶知道你針對他們的抱怨做了哪些事情，能夠強化他們的忠誠度，而且可以向他們證明你有多在乎。此舉將協助你通過第一個檢測點。

⊙客戶意見管理

你下榻飯店時是否注意過似曾相識的簡介？標題大概是像「只花您60秒的時間」、「我們珍視您的意見」或「咸盼您不吝賜教」，聽起來很耳熟吧？這些都是客戶意見調查表。你多常真的花力氣填寫這張表格？恐怕從來沒有過吧！你為什麼會如此無情地忽視這些希望了解你心思的請求呢？因為你覺得這根本是浪費時間！因為你知道他們其實並不在乎，也沒人會注意。你還不如直接寫在隨便一張紙上。

問題就出在企業缺乏妥善處理客戶意見的機制，除非是大加讚揚的信函，否則他們根本沒有處理客戶提供的想法／抱怨／意見的流程或工作表。如果某位客戶現在打電話進你們的客服中心表達一個很棒的想法，那個接電話的員工會如何處理？客戶寄來表達意見的電子郵件會被轉寄到哪裡？每個月你收到的成千上萬的客戶看法，結果如何？

這形同是個反問問題，我並無意在此讓你難堪，不過這正是何以客戶會對你宣稱要開展一段真誠夥伴關係存疑的原因。如果你要的是真正的對話，就別半途而廢，多做點努力，察納雅言、加以評估，如果符合你們的企業經營原則則付諸實行。要是確實存在夥伴關係，那麼客戶的意見應該能夠符合公司的意旨。在這

件事上，企業必須建立一個工作流程，把客戶的意見交付給合適的人選，賦予他們評估和執行的角色，這個人選必須整理不同意見並排出其重要性，篩選出那些符合公司的經營藍圖。企業或許也可以選擇成立一個客戶的虛擬焦點族群，協助他們了解每一項意見的重要性，然後排列出企業應該關心的議題順序，以確保發揮最大的影響力。透過把各式各樣的意見帶進這個焦點族群的方式，得以建立起一個互動機制，向客戶彰顯他們對此段關係及其未來的關心。

在了解、執行之後，應該讓客戶知道他們的意見的結果；即使意見被否決，也應該告訴他們公司內部已經針對該意見認真交換過看法。意見管理系統的設立，不代表公司賦予每一位客戶予取予求的權利，所有的評估與決策都必須符合有利可圖、取悅客戶的原則。增加一個民主的排名流程，可以預防少數不懷好意的客戶的滋事行為，把焦點放在對大多數人發揮最大的影響力上，以確保公司不至於因為少數真正的乞兒而失焦。如果你想向客戶證明你認真看待雙方長期關係的發展，那麼，請開始認真看待他們的意見。

舉例而言，你何不在網站和年報上開闢一個區塊，寫著：「今年截至目前為止，我們已經針對56,900個客戶意見進行過評估，並執行了其中的12,587個，結果讓我們省下超過4500萬美元，產品也獲得改善。」這樣的說明能讓你通過第二個檢測點。

⊙獎勵客戶

如果你已經定義過客戶角色，目前應該清楚客戶關係的最理想長度及客戶的年度或終生價值了。就說去年吧，有些客戶超越了那些期望值，他們達到十年的里程碑，而你原先的期望值才五

年；其他客戶和你們做生意的額度則出現倍數增長，而你原先的預期不過是溫和增長個10%。對這些客戶你做了什麼？你如何強化他們的行為？如何向他們表示你並沒有把這樣的行為視為理所當然？

我說的可不是那種象徵性的、你每年請秘書寄出去的普通巧克力或公司製作的免費月曆，那感覺上比較像免費宣傳廣告而非感謝的表徵。我說的是能夠展現出感激與關懷的有意義、貼心的禮物。

我們有時難免忘了對客戶表達誠意、感謝他們經年的付出。不過這還不是最可笑的部分，最可笑的是我們竟然還期望他們來年能夠秉持一貫的態度、甚至做得更多。

企業為什麼會忘記這麼重要的一個客戶檢視點呢？造成這種奇怪舉動的可能性有幾個原因：

- **知識不足**。我們很可能真的不知道今年誰對我們的貢獻倍增、誰轉投敵營。我說的可不是什麼某一宗大訂單的奇聞軼事，而是有一個系統化的機制，能夠告訴我們客戶的表現、及與去年相較的結果。要是持續擺盪在沒有工具和缺乏紀律之間，我們肯定就是什麼都不知道。
- **視客戶為終點站而非旅程**。雖然百般不願承認，但我們確實從來沒有把客戶關係規畫成長期發展、可資評估的架構。我們只是奔走於訂單與訂單之間，認定不可能再有下一「攤」。每一張客戶訂單都被視為一個超級業務員的已完成目標，而非建立關係中的一塊基石。因此我們從來不會費神用長期眼光看待他們，獎勵的總是偶一為之的訂單而非關係的累積。
- **吃定客戶**。打死我們也不會承認這一點，不過我們的文化卻

擺明了將榮耀歸於新客戶的擄獲戰績。一旦我們的銷售文化是新客戶、新客戶、新客戶，現有客戶都丟給低階客戶經理的話，所傳遞出來的訊息自然再明顯不過了。我們的業務人員會把重點放在新戶頭上，把現有客戶拋在腦後。這種做法就是吃定客戶。

獎勵客戶指的是維護、灌溉這段關係，是傳遞出一個真心感激的訊息，是擁有更緊密的連結以迎向未來。不過最重要的是，它是財務上的一大步，目的在於維持你最有利可圖的客戶、讓營收源源不絕。不妨把獎勵客戶想成一項具有競爭力的武器：為了打敗對手，你準備提供多大的折扣？現在，你可是擁有在對手出現**之前**就擊敗他們的機會！

獎勵客戶必須彰顯出你想強調且希望不斷重複的行為，你得設計一套你用來獎勵客戶行為的標準。這些標準的例子如：

- **自立自強**。如果你的客戶比較自立，使用的資源比較少，請記得謝謝他。你必須對這些客戶致力於符合你的需求表示感激，否則你所傳遞出的訊息將是：「我希望你自己做完大部分的工作，不過我的價格可不會改變。」——顯然不是個足以惠恩客戶維持這段關係的訊息。

- **關係長久**。如果你的客戶平均待的時間是三年，其中有一小群人則待了五年，你就有了獎勵和慶祝的理由。你希望他們待得久一點，他們也希望你在追尋新客戶的同時不要忘了他們。所以，找個方式對他們表達你的感謝。這肯定讓你物超所值。

- **貢獻提升**。如果客戶今年與你們公司之間的業務量倍增，他們會希望你注意到他們的作為，他們需要知道你重視他們的

付出。畢竟，這種客戶可是鳳毛麟角。

- **建設性意見**。客戶通常會提出一些後來變成特色或產品的重要想法。別忘了說謝謝。沒理由你可以享有建設性意見的好處卻把客戶摒棄在外，如果這麼做，其他那些也有不錯想法的客戶會接收到什麼樣的訊息呢？

- **轉介與推薦**。針對那些協助你和他們的親朋好友做成生意的客戶，該是表示你的感謝的時候了。一旦想到他們幫你省下多少找尋新客戶的成本時，你就會明白獎勵客戶是筆非常划算的買賣。如果你希望能夠有更多的轉介行為，請用你的真心強化這樣的舉動。

郵件行銷業者Money Mailers Corporation設立了一個從事獎勵客戶的禮賓服務台。這些獎勵包括：

- 每逢五週年慶時，會有一封總裁簽名的祝賀信與一個禮盒。
- 另一封信則是表達對績效表現里程碑與成就的肯定。他們愈成功，獲得的個人肯定也愈多。
- 生日時，會收到一張生日卡和某位主管的祝賀電話。
- 結婚週年會收到一個禮盒以及一封主管來信。

Money Mailers不會吃定客戶，也不會看天吃飯。他們會對客戶個人和專業上的里程碑表示肯定，確保客戶了解他們的生意對Money Mailers而言是非常寶貴的資產。

獎勵客戶不只是好就夠了，還要更貪心。這是一個透過表達感謝得以增強客戶對你的承諾的方法，這個武器你絕對扛得起，而且它能夠讓你的客戶持續、甚至增強你最重視的行為，這是對那些表現超佳、值得感謝的人的維護之道。首先，你必須找出他

們是誰，把他們加進你的採購名單中。獎勵客戶指的是向客戶彰顯你注意到他們對這段關係的投資和承諾。

⊙客戶經驗指數

客戶滿意度調查是經理人分紅的好方法。通常，在我們說明一份客戶調查結果時，會問誰的薪資方案與此結果相連。問題和可能的答案往往都與某些結果相符，此所以我們經常視之為「薪資支援調查」（Compensation Support Survey）。然而，客戶經驗指數是客戶活生生、不停更新的聲音，直接關係到執行層面。這是一種來源相當多元（如客戶調查、品質監管、當面訪問）、得以窺出一家公司營運現狀的機制，把每個部門的經驗部分畫在圖表上並標明需改進之處，然後，各個部門便會收到根據他們的經驗部分所得出的結果。此指數所涵蓋的議題相當廣泛，包括：

- 產品設計
- 生產品質
- 配送議題
- 會計議題
- 業務議題
- 競爭議題
- 運作議題
- 經紀人服務能力
- 銷售通路議題

這份指數也將「客戶行動因子」（Customer Action-Based Factors）包含在內以支援承諾。就像許多研究的結果顯示的，滿意度並非未來購買的指標，這也就是為什麼我們把焦點轉移至評

量客戶行動的原因。透過客戶行動，才能確保客戶確實對關係有所承諾，而不只是根據一種隨時可能改變的暫時性認知來作答。

想打造一個有效的客戶經驗指數，不妨思考一下這些原則：

- 讓每一位員工清楚自己在評量系統中的位置。
- 向員工說明你的目標。
- 向客戶說明你的方向，以確保其參與度。
- 不時提供看得到的結果。
- 讓結果易於明白和觀察。
- 如果可能，提供個人化結果。

如**圖9.2**所示，客戶經驗指數的設計應該在該指數評量的組

圖9.2　組織經驗指標

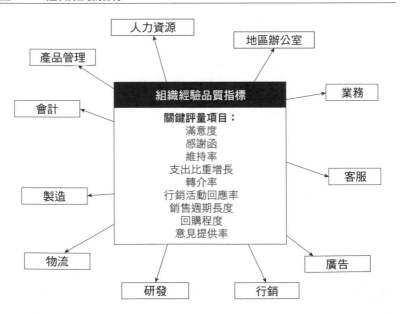

織因子和部門因子之間取得平衡。光有組織因子不夠，因為它們距離日常的部門運作太遙遠，如果你只專注於這些因子，部門可能會不理會或看不清楚他們的特定責任：會計也許會把客戶滿意度只視為業務／客服的責任。組織中的每一部門都必須認清他們擁有、負責的客戶經驗的部分，每個功能的評量都應反映出代表他們在整體客戶經驗中應負責的部分。透過泛組織因子的補強，各部門得以將努力方向、日常運作以及完整的客戶經驗連結在一起。部門也擁有動力，能夠以公司較廣的視野觀察、配合客戶行動評量，以加重自己在客戶荷包的分量。

這些客戶行動因子應該包括：

- 增加在客戶荷包中所占的比重
- 減少客戶抱怨機率
- 增加客戶接受度
- 增加客戶轉介數量
- 增加客戶與公司的互動機會
- 增加個別客戶整體業務量
- 改變招攬新客戶成本
- 改變客戶對品牌／機構的態度
- 增加給客戶的感謝函
- 增加客戶的想法和意見
- 增加客戶升等
- 增加配件銷售
- 增加交叉銷售成果

這些因子代表客戶用行動表達出他們的滿意和謝意。這已不再是把裁判權交給公司各功能──就像許多客戶滿意度調查做的

事一樣，而是針對公司每一部門對關係經驗與整體價值的貢獻度
進行評量。此結果反映的是客戶的行動而非認知，這是規畫你未
來的業務經營與成功的一條康莊大道。

必備工具上場

只有在規畫完善的策略與運作方案到位後，才輪到必備工具
上場。毫無疑問地，像客戶關係管理之類的科技工具與品質監測
工具，能夠讓公司及其員工在提供客戶價值時發揮更好的整體效
力。這些工具既節省時間又可擴大接觸率，得以改善客戶使用的
便利性與滿意度。

為了讓客戶至上策略奏效，企業需要確保他們擁有達成該策
略的正確科技工具。這些工具必須能夠賦予員工（在任何一個接
觸點上）了解客戶群、對其進行適當分類、提升客製資訊與解決
方案的能力，同時能夠在對的時間提供員工正確知識，以使客戶
獲得更完善的對待。藉由這些工具，員工得以對不同客戶提供不
同的服務。這些科技同時能夠提供員工即時訊息，以利其交叉銷
售新產品給現有客戶時，讓他們的價值在整個流程中發揮最大效
益。

你們公司可能已經擁有其中某些工具，但或許還不足以全面
涵蓋你所擘畫的藍圖，也或許這些工具還無法發揮你想提供給你
們組織和客戶的最大價值。無論是哪一種情況，你都必須重新檢
查手邊現有的工具及其用途，然後找出還少了哪些。客戶至上策
略所需的科技工具包括：

• **最新的客戶資料庫：認識你的客戶**。確保你的資料庫具有增

加更多的客戶質化資訊的彈性。資料庫和客戶關係管理工具皆擁有此種功能，它們同時能提供客戶橫跨不同接觸點的全貌，以備員工服務客戶時擁有更完整的背景資料。

- **整合性工具**。整合客戶資訊以創造出客戶的全貌。企業針對不同功能往往分別設有不同的資料庫和應用系統，這些分開的資訊來源很容易衍生困擾和錯誤，還會拉長服務時間。整合性工具能夠打造出一個跨部門的客戶完整面貌，提高服務客戶時的正確性和速度。

- **業務分析工具，如客戶分類與即時提醒**。這些工具能夠讓你對客戶做更適當的分門別類，也能夠更清楚和追蹤客戶的行為模式，同時，針對特殊客戶和族群還能發揮提醒員工的效果。地理差異、購買模式、性別、嗜好是你在進行分類時必備的幾項條件，有助於你更了解客戶、提供更好的服務。這些工具還能提供你區分白金與黃金客戶等級，如此一來，每個員工都知道對他們要有「差別待遇」，解決問題的層次也須有所不同。如果缺乏這些資訊，提供的服務將無所差異，客戶的意義不過是編號罷了，而不是擁有歷史與行為模式的人。另一方面，這些工具應該也能夠讓你對客戶提供更個人化的服務，增加你重複銷售與交叉銷售的機會。

- **監測與評估工具**。員工的表現應該加以追蹤，這些工具能夠讓你抓住每一次互動的發生，並且透過讓案例視覺化、故事化的方式得以提供更好的指導效果。應該授權員工透過這些工具自我評估，此舉可望讓公司看得更清楚公司和員工在服務認知上的差距。監測工具也能讓你把良好的互動案例儲存起來，以備未來進行教育訓練之用。此外，這些工具能夠降低新員工由於困惑而出錯的成本。

- **客戶與員工調查**。定期從客戶和員工的角度評量你們公司的表現。這不該是一年一度的事，應該持續進行，及時追蹤改變與鴻溝以利更有效地執行政策。
- **指導與自修工具**。賦予員工學習和填補鴻溝的權力，這些工具能夠讓員工再次進修，卻無須忍受尋求協助之窘。他們能夠以自己的步伐自修，不影響績效。由於不需要課堂訓練，因此這種自修工具擁有節省成本和彈性的雙重效益。
- **財務數據**。提供部屬該有的知識。想要提供快樂且有利可圖的經驗，你的員工需要知道重要的財務資訊，譬如抱怨的成本、產品毛利等。通常，這些資訊都不可得，但既然委以員工服務與取悅客戶的重任，你必須擁有這些工具以協助你辨識成本，並讓員工也清楚相關資訊。
- **流程管理**。簡化流程，減少客戶使用難度。不時檢測你的自助和自動語音系統，確保便於客戶使用。

超級無敵的完整關係戶頭

當客戶提供你一個轉介名單時，你如何處理？充其量，你會聯絡被轉介者、做成一筆生意。它會被記錄下來以做為未來參考嗎？當某位客戶的意見被採用時，這件事會被記錄在哪裡以做為未來參考？我們應該把公司的一舉一動都留下記錄，才能看清楚客戶走過的所有痕跡。

客戶資料庫裡大部分的記錄都只和交易相關，所以看待客戶時，是透過一種狹隘的購買歷史角度，而非全方位的視野，導致我們不僅錯過商機，還經常因為不清楚他的特殊情況而惹惱了客戶。

　　客戶資料庫的建立，應該容許記錄和更新完整的客戶角色和責任，以及他們對關係的貢獻。任何互動，即便與金錢無關，都應該記錄下來，才能夠打造一個超級無敵戶頭，載明客戶是誰以及他的偏好。

　　某些客戶本身的購買金額很小、卻對其他購買量大的客戶具有影響力，此時應加以識別、做記號、以不同的方式對待他們，確保強化那些行為。企業應該在資料庫中蒐集、創造一方園地，保存這些人的記錄、載明他們的情況。完整關係戶頭追蹤的內容應包含：

- 購買
- 服務議題與解決方案
- 尚待解決事項
- 提出之意見
- 對其他客戶的影響範圍
- 提供之轉介
- 焦點族群參與情況
- 調查貢獻（包括頻率）
- 提出之抱怨
- 個人資料（法律許可範圍）
- 偏好的雜誌
- 偏好的網站
- 個人嗜好

　　顯而易見，欲援用所有這些資訊，讓所有員工、每個接觸點都能夠取得這些資訊至關重要。蒐集了意見卻棄之不顧，還不如不蒐集。你的客戶資料庫應該擴展至新園地，並根據這些新開發

的園地進行報告，好讓你能夠進行區隔、判斷趨勢，以便好好對待那些死忠客戶，並對那些參與度不夠高的客戶多下點工夫。

擴展客戶的關係戶頭必須授權員工提供更加客製化的服務以促進關係。同時，此舉也有助於你辨識哪些是死忠的客戶、哪些人不是大買家。

我們的客戶並非居住在孤島上。他們是群體動物，與社會網絡連結，他們為自己創造了一個接受與尊重他們的生態系統，該生態系統的組成分子相當多元，包括（但不限於）家庭成員、朋友、網站、同事、同好。客戶可以成為一個影響者或某專家，與其他人分享資訊。他們也可能是某個人的網絡的一部分，受他人影響。我們必須了解客戶賴以生活的生態系統（甚至包括經常閱讀的雜誌、喜好的網站，那是他們的意見參考來源），就像清楚他們喜歡的顏色一樣。客戶在這些生態系統中，發展出自己的偏好和選擇，適合該生態系統的事物絕對是優先選擇，因為適合該生態系統的選項能夠確保不會發生衝突，還能增強該生態系統的支持角色。不屬於該生態系統一環的產品或服務，會被視為可能帶來衝突，所以自然不受歡迎。

企業想成為客戶生態系統的一份子，所以會贊助運動、音樂活動，以與其產生連結，他們也會在電影中採取置入性行銷。雖然這些都是相當好的起步點，卻無法真的接觸到客戶、進行有效連結。

為了符合連結理論、成為社會網絡的一部分，此擴張、全面的關係戶頭應反映出客戶的社會面向。辨別這些面向、蒐集生態系統資訊，能夠讓你和客戶交流非常個人、經驗為本的訊息，將其與他們生態系統的內部而非外部產生相關性。透過這個管道，會提升你被視為該生態系統一份子的機會，因此與該系統衝突的

局外人相較之下，更易被視為偏好的產品或服務的提供者。

香脆甜甜圈（Krispy Kreme）的走紅，應歸功於他們成功地將自己融入客戶生態系統並成為其中一份子。該公司積極參與社群活動、付出貢獻，客戶知道，在這樣的活動中一定能夠發現香脆甜甜圈的蹤跡。此舉換得的回報不僅是更高的忠誠度，還省下了不少大做廣告以招攬生意的費用。社群參與散播的訊息相對直接，而且是透過滿意的客戶的嘴，因而節省了可信度較低的行銷管道的成本。

「共飲承諾」、「撼動你的意識」是某個新可樂飲料所打的主要標語之二。在一個早由百事可樂和可口可樂兩大品牌主導的市場裡，竟然有一個新業者能夠建立起一個成功（雖然帶點爭議性）的新事業。麥加可樂（Mecca Cola）召喚所有穆斯林改變他們喝飲料的習慣，由全球領導品牌轉而購買麥加可樂。怎麼辦到的？麥加可樂對穆斯林的社會成因許下承諾，表達會傳遞一種全然不同的飲用經驗的誠意。

針對飲料和客戶生態系統之間的連結，麥加可樂的創辦人兼總裁托菲克‧馬司洛提（Taufik Math-louthi）創造了一種概念。基於宗教意念，他試圖提供客戶更高層次的經驗，而不僅是滿足解渴──其他飲料廠商就是這麼做的。他把他的產品和客戶的生態系統連結在一起，透過對他們而言異常重要的社會成因發展出一種穩固的關係。

很多專家會說，把商業和宗教熱誠混在一起是一件很危險的事。或許沒錯，不過，也有可能根本難以迴避。宗教是客戶生態系統中相當重要的環節，它同時也是犧牲奉獻的象徵，對想打進客戶生態系統的企業而言，學習尊重它、並與之連結，是一項嚴肅且無可避免的挑戰。

　　麥加可樂不是唯一的例子。在以色列，手機電信業者和租車公司會對嚴守安息日不使用手機與租車服務的正統猶太教徒提供特殊服務。由於了解正統猶太教徒在安息日不開車、不回電的宗教戒律，業者因而改變自己，同時也展現出體貼的一面，據此客製化其服務內容。正因為接受這項宗教事實乃客戶生態系統中的一環，致使那些廠商得以和客戶建立起更穩固的連結。

　　以天然為訴求的化妝與保養品公司肯夢（Aveda）也是類似的案例。肯夢謹守環保宗旨，與關心此類社會責任的消費者形成良好連結。肯夢將其信念化成實際行動，與客戶關切的議題——客戶生態系統的一環——相互連結。關心環境保護的消費者會覺得肯夢像個私人朋友，與其他的保養品業者不同，他們是可以共享相同社會議題的同伴，而不只是產品供應商。此即所謂與客戶生態系統連結之精華所在，你自然而然地成為其中的一份子。

　　上述提到的例子都含有一個致勝關鍵：真誠。肯夢、麥加可樂、香脆甜甜圈之所以這麼做，是因為他們本身認同這件事。他們與客戶共享同樣的價值體系，正是這種真誠的態度，使他們得以與如此個人化的層次產生連結。假裝對客戶的生態系統有興趣的企業勢必會嘗到回馬槍的滋味，客戶會更討厭他們，不但對他們的產品避之唯恐不及，還會散播負面看法。想參與客戶的生態系統，必得懷抱體貼與關懷。這是客戶非常私人的面向，必須受到尊重，所以，參與此生態系統的企業也得照著客戶的規矩來。

　　能夠達到此種親密層次、融入客戶的生態系統，無疑是一種特權，自然也應該被如此對待。這種高層次的連結讓你手握一個威力強大的區隔工具，得以接觸到客戶的各個面向，而不只是他的荷包。你愈了解自己的客戶，客製和執行的成果也愈好。跨出購買層次，能夠讓你更清楚客戶、待他們以更個人化的方式。

讓價值看得見

許多產品和服務都受困於商品大眾化，而購買它們的客戶卻一點也不欣賞它們。一位高階主管曾對我說：「充其量也只是不接到客訴罷了，再也別妄想什麼謝謝或感謝函。」「客戶根本就把我們當做透明人。」他補充道。他的產品正遭受著價值無法辨識之苦，客戶看不到其中的價值，會與這些公司打交道只有在出了問題的時候。舉例來說吧，網路服務公司要是當機一小時，就會接到無數的抱怨，但對那99.9%運作正常的服務，卻從來不會聽到一聲謝謝。

類此問題的根本癥結在於：企業有責任讓客戶知道他們提供的價值。他們必須創造一套工具和方法，以確保客戶不會看不到他們所傳遞的價值。企業期望客戶能夠自己發現他們本身的價值（「要不然，他們幹嘛花錢買？」他們會這麼說），可惜，天生遲鈍的客戶就是不會費心尋找價值，他們忙著關注和自己相關的其他議題，而且根本就把這樣的服務定位成大眾化商品。

將價值視覺化對某些產業，尤其是科技、銀行、保險、電訊以及其他公用事業形態的產品或服務而言特別重要。客戶會將持續進行中的運作視為理所當然，所以只有在例外情況，譬如服務出現漏洞惹他們生氣時，才會成為關係中的主動角色。

企業必須富有創造精神，應該開發出視覺化工具或方法，以彰顯（有時候是）最平凡無奇產品的價值。要是希望它們能夠被視為無可取代而不是可以任意置換的產品，就得仰賴「讓價值看得見」的工具。想打贏大眾化商品這場硬仗，與其急著透過削減成本的方式降低價值，不如把精力花在開發讓價值被看見的工具上。

⊙ Verizon：兌現看不見的事物

在無線通訊產業價格劇降的環境下，美國最大無線服務廠商Verizon的客戶流失率不斷竄升，因為看不到值得欣賞的價值，導致該公司的毛利持續下滑。他們面對的難題是必須在客戶的心裡創造出區隔效應，成為其所偏好的廠商，而非某某大眾化產品供應商。事實上，真正的挑戰在於打造一盞明燈，讓看戶看見目前看不到的價值。

Verizon決定專注於拉高在覆蓋率和服務品質上的承諾，善用內部的品管團隊，這個團隊成員所開的車都裝有多重功能電話的特殊配備，不斷撥電話測試以確保該公司網絡品質良好。為了推廣這個新面貌，該公司推出一個著名的「你聽得到嗎？」（Can you hear me now?）的廣告活動，畫面中是一個科技人，帶著電話走遍全國，一直用他的行動電話測試覆蓋率，不停問著：「你聽得到嗎？」

這個廣告活動使得該公司傳遞出品質卓越的訊息，也讓客戶能夠「看到」他們提供的價值。結果，Verizon的用戶在2002年成長了10%，達到3250萬人，2003年進一步增加15%到3750萬人。信賴——而非價格——成為購買的首要考量。此外，這個活動的標題成了流行用語，Verizon的毛利率也獲得提升。

⊙ 大陸航空：強化正面因子

近來，美國大陸航空（Continental Airlines）推出一系列讓價值被看見的活動。該活動以頂級客戶為對象，主題名為「菁英通道」（Elite Access）。在辦理登機手續時，票務櫃台或網站會提醒你你獲選為他們菁英通道的貴賓。登機證會印上菁英通道的標

誌；登機時，會有一條特別的菁英通道，鋪著別致的地毯，還會有個標示以區隔這些頂級客戶和其他人。這些視覺化效果打造出一條客戶看得到其中價值的路，讓他們感受到特別為自己所設的尊榮待遇。

我常常碰到一些飯店或服務業者吝於將他們的價值視覺化，而且對非頂級和頂級客戶提供的服務項目都一樣，理由是這樣比較有效率。他們不重視與眾不同、也不在乎客戶是否「看見」其價值，如此一來，勢將稀釋他們的超額價，並在客戶心中留下這個超值服務是否值得的疑問。畢竟，**看起來**都一樣。

開發工具與方法以彰顯本身持續提供的價值，並確保客戶欣賞該價值、看見那些持續傳遞出的價值，是企業的責任。企業必須進行讓價值看得見的投資，因為你不光是對客戶好就夠了。此舉能夠有效降低客戶流失率和價格下滑的衝擊。如果客戶看得見價值，他就不會四處尋覓其他更便宜的廠商。同時，欣賞該價值的客戶傾向以不同的態度提出抱怨，所以你處理抱怨的成本將隨之降低，抱怨密度和解決成本也將同步下降，因為客戶端會抱持著一種更明理、更包容的心態。

讓價值看得見對關係的健全度至關重要。如果一方吃定另一方，絕無健全可言，任一方都必須做些投資，並確保另一方肯定這些努力、欣賞這些付出。

卓越的文化

「卓越」和「品質」是企業文化中兩個最被濫用的名詞。每個企業都致力於此，卻很少人能夠下定義。被這些抽象名詞籠罩

的員工，對於公司對他們的期望到底是什麼往往顯得一頭霧水。

⊙ 卓越的願景

你可以和直屬部屬做一下這道習題。請你的員工閉上眼睛想像一下卓越，然後再請他們想像一下品質和傑出，接著再請他們想像一顆檸檬。等他們睜開眼睛後，請他們描述一下卓越、品質和傑出的樣子：

- 它們是什麼顏色？
- 它們是什麼形狀？
- 它們看起來像什麼？
- 它們的大小？

多數情況下，每個人對這些抽象的概念都會有一種非常個人化的描繪。我們做這個測驗時，聽到各式各樣形容卓越的個人觀點，諸如攀登聖母峰、落日、墨西哥海灘、孩子的笑容，或一款新的蒂芙妮（Tiffany）鑽石項鍊。而當我們問到檸檬時，每個人的描述都相同──同樣的顏色、同樣的形狀。

這道習題的意義在於：諸如卓越、品質等抽象概念，取決於個人理解。員工自認為已經盡了全力，而且還超越期望──因為他們堅守的是**他們的卓越版本**，他們傳遞的卓越是從**他們的**角度出發。然而，他們的觀點不一定與你的一致；此外，他們的觀點也往往與客戶的觀點或期望不一致。我們最近從事一項員工與客戶期望值的落差分析，對象是某財星雜誌500大企業的一家分公司。我們發現雖然有96%的員工認為自己的表現超越期望，但同意這個說法的客戶卻只有35%。

把卓越概念交由員工自行定義肯定會造成服務落差，而且幾

乎可以保證品質很糟。在企業效率的壓力下，員工在追求服務和
經驗的卓越上，會自行發展出一種偏離本位、無人滿意的願景。

　　企業必須主導本身的文化，主動開發一種打造、哺育實質卓
越文化的行動專案。他們必須將這些抽象概念轉化成日常運作，
確保員工能夠遵循他們所定下的原則。首先也是最重要的，是他
們得鼓勵破除成規的舉動，並蒐集、獎勵這些事蹟。接著，把這
些事蹟融入企業的日常文化和語言中，他們必須把組織現有的文
化轉化成以卓越為焦點。你積攢的事蹟愈多，文化的厚度與引力
也愈強。就像我們前一章提到的，創造一家公司靈魂的是這些英
雄故事，這是熱情與魅力的來源，促使其他員工想仿效並超越他
們。

　　「卓越文化發展專案」（Culture of Excellence Development
Program）應該包含下列元素：

- 對想要的文化原型和案例形態擁有清晰的原則、價值、規
  則，以對比出真正的卓越與完成任務之間的差異。
- 負責與支持的態度。這可不是件人們閒暇時才做的事，而是
  一項實際行動，某位主管會持續關注其發展。這件事需要百
  分百投入和主動積極的精神。
- 對良好的行為應公開表揚以強化你所追求的舉動。
- 蒐集、出版所有卓越事蹟，以確保組織裡每個員工和現有客
  戶群都看見。
- 經理人從旁輔導，以確保將其融入所有的部門會議，並不時
  檢視該專案的落實情況。
- 運用視覺化的方式提醒員工和經理人文化發展現況與核心價
  值，以及下達執行的指令。

● 持續對所有成員傳遞事蹟案例。

　　卓越的文化不應該只被視為一個專案。專案只是一個起點而非終點，它的目標應該在於成為一種生活的方式。**承諾卓越是一種生活方式選項，而非商業選項**。員工必須明白卓越是不能勉強的，他們可以選擇自願成為此文化的一份子、以此維生，要不就是選擇成為局外人。

　　文化發展需要時間，它不是一次性的推廣活動，而是一種生活態度。一個國族的文化需要歷經數載、數代的積累，因此，你得給員工時間吸收、接受、相信、依存你的新願景。接續你初步的推廣行動後維護、灌溉你所追求的卓越文化，是養成該文化並確保其成功的不二法門。

　　創造工具和故事、讓員工看見傳遞卓越的日常運作，是養成卓越文化的核心議題。你必須將你的抽象意念化做一種氛圍，才得以釋放出員工的熱情潛能。

　　你的客戶經驗和關係（包括其長度與利潤度），都與員工經驗息息相關，而員工經驗則得仰賴你創造、養成一種卓越文化的能力。

　　我們真的在乎嗎？卓越是一種生活方式的選擇，並非僅僅是個商業議題。確實有些公司在售後服務的階段並未提供卓越的經驗，不過我懷疑你真的想成為其中一員。他們日復一日忙於打商品大眾化的仗，深陷利潤下滑的泥淖中。

　　關懷需要真心。現在的消費者多疑的程度前所未見，他們會對你的意圖進行檢驗，如果你下定決心關心他們（不只是銷售環節），就得一直做下去。用你的熱情做後盾，展現出你發展長期關係的決心；通過所有關鍵檢視點，譬如獎勵客戶、意見管理等

的考驗；創造讓價值看得見的方法，彰顯出你所做的努力；針對完整關係戶頭進行管理，並與客戶的生態系統進行連結。

傳遞卓越不是件容易的工作，這也是為什麼很多公司都敗下陣來，他們寧可以為自己不這麼做也行。你當然可以不必加入這些一廂情願的人的陣營。許下關懷和卓越的承諾，其實也是一個很自然的選擇，因為回報顯而易見。對某些企業──那些真誠對待客戶的企業──而言，那也是唯一的選擇。

PASSIONATE

第 十 章

重大抉擇九

我們的評量方法
如何描述自身？

&

PROFITABLE

我們曾經受某家美國大型航空公司之託，對其服務與維護中心進行查核並提供建議。我們在從事查核工作時，總是企圖找出正面行動以便能夠表彰成功並建議大家重複這樣的作為，如此做法，能夠讓我們的建議避免落入全是負面批評的窠臼。為了達到這個目的，我們接觸了該航空公司的白金專線——為該公司最有價值的客戶（搭乘該公司航線的年度飛行哩數須達75,000哩）所設的專線，以任何人的評估標準，甚至是該航空公司自己的，都會認為這些人應該獲得誠摯待遇。

然而，出乎我們意料的是，這些客戶的等待時間一旦超過59秒，該中心的交換機就會自動切斷這通電話。不過因為設定的時間相當長，所以我們認定應不會有人受到這個奇怪設定的影響。想不到，**每個星期**有400名白金客戶會受到這種待遇。

我們原先認為這個詭異的切斷動作是交換機系統上的設計錯誤，因此當我們展示此一發現時，建議他們立刻修正，不過，該航空公司客服中心的副總堅稱此並非失誤。在一場密室會議中，他先把所有的報告都從房間移走，接著表示他自己每週會進行一次調整，他告訴我們，他每個星期都會檢查電話量並調整此自動切斷系統。如果話量大，系統切斷電話的設定時間會是25秒而非59秒。在問及這麼做的原因時，他回答：「那是他們花錢請我來做的事。」

這位副總，與其他許許多多的副總一樣，他的薪餉是以他執行「平均處理時間」的成績為基礎；該「平均處理時間」包含他管轄的客服中心的交談時間**和**等待時間。要是他超出目標數字，一部分的薪水就會蒸發掉。在研究了交換機系統之後他發現，如果在打進來的電話尚未轉接至活生生的服務人員前系統便自動切斷，這通電話在系統中就不會當做一通來電，而會視為「一通不

想等而放棄」的電話，也就是說看起來像是客戶的錯而不是他的錯。他從中學到如何操控該系統以確保自己絕對符合數字，不論真假。畢竟，他的薪餉可是與這些數字息息相關呢。

在面對如此做法可能激怒該航空公司最重要、最有利可圖之客戶的問題時，他的回答是：「如果對公司而言這麼重要，他們應該會反映在我的評量方法上。」用一種遭到扭曲的態度來看，他沒錯，他做的事是他們要他做的、花錢請他做的。找到正確的評量方法，是航空公司的責任。

這種做法在其他公司也屢見不鮮。即使不是平均處理時間，但生產力測量法遍及各處，譬如只問銷售額度、不管銷售品質即是一例，這種情況往往衍生出欺騙行為或以公司名義開出的芭樂票。我們先前談過，客戶滿意度調查已經變成扭曲機制的一種方法，獲得保證的是薪資而非滿意；問題和客戶的目標設定在於確保主管的薪水，而非讓客戶絕對滿意。就像我們的客戶經驗管理研究指出的，超過三分之二的主管宣稱他們的薪資方案反映的不是服務的品質，而是生產力。

這些和其他許多績效管理數字，在在扭曲了我們的視野，讓我們看不清楚究竟什麼才是客戶真正關心的，什麼方式才能真正測量出關係的成功與否。這些自助式的數字通常只顯示出市場占有率、擴張計畫，卻無法反映出增加的競爭利基以及對客戶的價值。

如此一來，不免又讓我們面對重大抉擇。我們花錢請人的目的是取悅客戶、討好客戶，還是流失客戶？員工遵循的是錢的軌跡，花錢請他們來做的事，就會被他們認為是公司的最高目標。因此，你應該檢視自己經營企業的評量指標，問問自己：他們以何種方式表現出我們所追求的關係和經驗？

行動，讓客戶認真以待

經年累月，企業開發出歌功頌德式的客戶滿意度評量法，客戶滿意度的設計傾向於評量的是認知，而不是行動。只評量認知的問題在於：你還是沒辦法把他們帶進你的銀行戶頭。客戶可以很隨便地作答，因為沒有成本；但做出再次購買的承諾可是截然不同的一回事，而且想讓他們許下這樣承諾的困難度很高。雖然每家公司都喜歡誇耀自己在客戶滿意度上的改進成果，但事實往往有天壤之別。

一項華克資訊（Walker Information）在2003年7月所做的〈華克忠誠度報告〉（Walker Loyalty Report）指出，金融服務業的客戶中，感到滿意的比例雖然高達75%，但將服務評等為卓越或極佳的比重卻只有61%：

- 只有41%的客戶將其價值視為卓越或極佳。
- 只有34%的客戶計畫維持與原業者既有的關係（無論滿意與否）。
- 42%的客戶未轉檔的原因是懶得換，考量到時間以及隨轉換而來的磨合代價。
- 只有16%的客戶說他們不會考慮對手業者提供的條件。
- 55%的客戶相信他們的廠商關心客戶。

我相信許多銀行和經紀商都有一些數據證明他們客戶的滿意度高達90%以上，事實卻遠非如此。如果對我們的服務覺得滿意的客戶中，只有16%的人不會考慮對手提出的條件，我們其實正面對著相當嚴峻的挑戰。

為了實際反映客戶的觀點，企業的態度必須從認知轉變成行

動。評量方法應該檢測的是客戶的行動，譬如整體價值和購買的提升。毛利增加、感謝函、轉介，都是超越認知階段、以行動為本的評量方法。針對認知進行評量非常簡單，因為客戶不需要承諾任何事；然而，行動，客戶卻會認真以待。

評量成功：客戶風格

企業必須充分證明從產品／服務策略轉型至客戶至上策略的目的，以及希望該策略達成的特定業務結果。這不只是一個態度變和藹的課題，而是一個透過更好、更有意義的客戶關係讓營業額極大化的策略。

每家公司都有一套自己想要的業務結果，此結果乃以其競爭利基與現有市場定位為基礎，A公司尋求的是延長客戶的平均生命週期，B公司則將降低售後服務的成本視為該策略的關鍵性動力。市場領導廠商也許會選擇透過客戶至上策略以強化並持續其領導地位，而利基型廠商則會尋求強化利基點、對追求特殊利基的客戶提供更多價值。在發展這些財務／業務目標時，每家企業都必須針對這些目標設定對應指標，以比較、測量該策略的進度和結果。

客戶至上策略得以達到成本降低**和**開創新營收來源的雙重效益。員工流動率與客戶流失率往往是企業採行客戶至上策略時的成本因素。不過，某些公司會把提升每位客戶的貢獻度視為援用此一策略的關鍵動力。

在我們檢視自身的評量方法、朝客戶的行動因子邁進時，必須考量客戶策略對整體經營上的財務影響。畢竟，唯有透過客戶行動，才得以真正評定該客戶策略及其所連結的成本。必須考量

的因素可分為成本本位和營收本位兩大類：

- 成本本位因素：
  - 縮短銷售週期
  - 降低銷售成本
  - 降低行銷成本
  - 提升行銷準確度
  - 減少客服成本
  - 減少客戶流失率
  - 增加庫存利用
  - 減少雇用成本
  - 減少訓練成本
  - 減少員工流動成本
- 營收本位因素：
  - 提升客戶採購規模
  - 增加整體支出之比重
  - 增加年度價值
  - 增加轉介數量
  - 增加關係長度
  - 增加各區塊滲透率
  - 增加毛利率
  - 增加交叉銷售
  - 增加垂直銷售
  - 提升業務人力效率

這些因素代表客戶支持我們的企業、強化對我們的承諾所採取的行動。銷售週期下降表示客戶更信賴我們，樂於更快接受我

們的新產品，年度價值的增加則代表花費在我們公司（而非對手）
的金額提高。

評量準則

在發展評斷該策略的財務模型時，應將下列原則納入考量：

- 客戶至上策略的財務目標不應以效率做為代價。執行客戶至
  上策略並非意指必須失去一個建置完備的營運模式的所有好
  處，此策略需要有效利用那些好處，並以其為基礎。
- 營運效率是個很重要的評量指標，不過它的發展應配合客戶
  至上行動，而非獨立行事。
- 萬一客戶至上目標與營運效率目標產生衝突，須以客戶至上
  目標為優先考量；畢竟，有了客戶，企業才活得下去。

確認企業驅動力

列出你們公司足以評斷發展與執行客戶至上策略的五項企業
目標。在寫的時候請思考你自己的市場動態、對手藍圖、企業模
型。設定好這些目標後，再寫下每個目標需要改善之處，以及你
打算如何評量其進度及改進情況。

目標	需改善之處	現有評量方式

許多客戶至上的企業會把這個複雜的過程整合成一個單一因素：「你會推薦我們給其他人嗎？」他們的確相信如果客戶答應踏進自願推薦的領域，就是把自己的信用借貸給公司，這樣的信用代表的是至高的肯定與感謝。如果客戶願意把他們的信譽借給你，便毫無疑問地指向真正的成功與滿意。

租車企業Rent-a-Car運用這樣的方法評量其分公司的成功與績效。員工的升遷與薪資都和這個單一的問題綁在一起，它同時也決定了這家公司整體的成績。他們簡化評量機制，不僅使員工的焦點清晰，而且願意提供最高等級的服務。他們也迴避了典型的陷阱，不至於形成人人符合自己的目標數字卻惹惱了客戶的窘境──這種陷阱常常發生在每個人只顧照管自己份內的事、卻沒人在乎整體價值主張的企業體。

在訪談一家名為大衛之盾（David Shield）的健康保險公司時，我驚訝地發現他們的薪資方案相當特別。他們尚未躋身市場頂尖企業之流，但某些作業卻值得激賞與仿效。讓我印象最深刻的是該公司對員工處理客戶議題的責任認定：員工的薪資不是以傳統的薪水和獎金為基礎，而是以客戶議題為主，每一位客服人員的薪資是以他處理客戶需求與抱怨的數量為基準。一旦員工接到某位客戶的來電，他就成為這個問題的唯一負責人，把問題丟給公司其他人是行不通的，每個員工都得負責解決他接到的客戶議題，而且必須在一定的時間內完成。該公司的薪資方案直接與每位員工解決議題的數量相連結。公司會定期追蹤所有員工的表現，並據以給付薪資。此外，要是某個問題未在容許的時間內解決，那名員工就得面對罰款，直接從薪資裡扣下來；要是客戶又因為同樣的議題而來電，該員工的薪資又會被扣掉另一筆罰款。

對某些人而言，這樣的政策感覺上似乎過於嚴厲，不過企業

採取責任制以確保責任歸屬卻是相當有力的工具。此薪資方案得以確保沒有客戶的議題會遺漏或變成孤兒，自己的責任沒辦法轉交或指派給第二個人。這與大多數採取月薪制的企業非常不同，在這樣的薪資制度之下，你不需要倚賴客戶滿意度以衡量成功與否；針對同樣問題的重複來電降低，就是最好的證明。客戶的行動，而非認知，決定了企業的成功及其薪資制度。

此一薪資方案證明該公司認真看待他們的客戶策略，主管和公司把他們的錢花在他們的嘴許下的承諾上。這是績效評量的極致表現，是每一家許諾客戶策略的企業都應該通過的測試。

無法評量的最重要資產

「能夠評量的，就能夠管理；無法評量的，便無法管理。」這則企業經營金言導引許多高階主管與他們的派餅圖和曲線圖共存亡。他們變成報告和數字的奴隸，強迫得把每件事都塞進這一面狹小的透視鏡裡。

實際的情況則是，任何你能夠評量的事，別人永遠能夠管理得更好。如果說到底這只是個數字遊戲的話，你的對手永遠能夠找到刪減成本的方法。你沒辦法在這樣的競爭中安然無事，所以這絕非長期策略。

當肯・庫塔拉吉（Ken Kutaragi）極力捍衛他所提出的方案時，他的執行長可是老大不情願的，執行長不認為該方案真的能夠帶來他所承諾的結果。在某個點上，他開始禁止肯再投入任何心力。為了躲避執行長的雷達偵測，肯在郊區一個小小的辦公室裡憑著信念與勇氣堅持著這項計畫。2003年時，新力（Sony）有50%的利潤都來自於肯這項被禁止的方案，該方案著稱於世的名

稱是PlayStation 2遊戲機。你會如何評量這件事？

　　庫塔拉吉最後成為新力負責PlayStation遊戲機所有業務的分公司總裁。

　　每家公司的成功都高度仰賴著某一組資產，這些資產無法被塞進派餅圖，然而，它們卻是活生生且具影響力的。一個人要如何評量所冒的風險、領導能力、勇氣、承諾、創新、關懷、誠信呢？這些都是至關重要的資產，卻畫不進任何一張圖表裡。但那是否表示它們不存在或沒有影響呢？它們不只存在，而且深具影響力，對企業邁向成功的重要性恐怕還遠高於那些能夠被評量的事物。

　　在1990年代初期，美國聯合航空（United Airlines）與大陸航空都非常豔羨西南航空的成功，因此決定以對手陣營為藍本依樣畫葫蘆。兩家公司都推行低成本航線與西南航空一較長短，希望能打敗它，因為西南航空已經開始在他們的後院挖牆角了。他們原汁原味複製西南航空所表彰的卓越營運，硬是從日常的機群中每天多擠出一個航班，如法炮製西南航空的做法。看起來他們肯定會成功；然而，不到兩年的時間，兩家公司在經歷嚴重的虧損後終於撒手，西南航空卻仍然懷抱著有利可圖的成功。

　　聯合航空和大陸航空犯了嚴重的「能夠評量的就能夠管理」的錯誤。他們以為複製西南航空的營運傳奇就得以打敗它。對西南航空而言，這從來就不是一場營運遊戲，西南航空公司與對手不同，它了解並灌溉其真正的資產——它的員工和客戶。西南航空在當時的執行長赫伯·凱勒（Herb Kelleher）領軍下，非常清楚自己的資產正是那些真正重要、卻無法評量的部分。因此他們建立了一套系統滋養那些資產，讓員工覺得那是個有趣的地方，回過頭來，員工就會讓運行中的飛機成為有趣的飛機。由於西南

航空在乎員工的經驗，為了回報公司，員工自然也會在乎客戶的經驗。

　　從情人節卡片到安全指示的趣味標誌，該公司不斷灌溉員工經驗，並且授權他們立即解決問題的權力。當西南航空被控商標侵權時，凱勒先生打電話給提出告訴的公司的執行長，希望可以進行庭外和解。他並未在心中自行仲裁，而是為了商標向對手提出解除武裝的提案。在簽訂協議之際，凱勒先生安排了一個大場地，邀請新聞界共襄盛舉，這場盛會成為該公司一次成功的公關活動，即便凱勒先生輸掉了這場角力競賽。

　　不過，所有員工接收到的訊息卻是他打了一場大勝仗。這個訊息是：「我們決不拖延問題。我們會盡速進行處理，讓爭議降到最低。」他站在競爭的舞台上的演出勝過任何的訓練，因為後者絕對難以如此有效地傳遞出這樣的訊息。他是該公司經營原則的典範。

滋養勝於管理

　　每個組織都會用自己擁有的資產——房產、銀行存款、設備以及其他實體資產——評量自身，不過每家公司還擁有些無形資產。有些人會把品牌、客戶和其他無形事物當做額外資產，企業也會開發一些創新的評量工具以掌握其價值。然而，每家企業的真實資產其實是自己的人員，他們的態度、關心、冒險、決策、勇氣、領導、創新和靈感，都是這些真實資產的一環。它們無法完整測量和說明，資產負債表上看不見它們。真實資產無法被管理，也沒有任何的薪資制度能夠強迫員工有如此表現，但是，它們對企業的成功卻又是如此重要，它們是勝出企業的獨門醬料，

而他們的同業卻仍在為趕上營運數字奮戰不已。

位於每家公司核心的是決定其員工行為的內部經驗,這是設定其他所有真實資產之執行層次的DNA。一個絕佳的經驗能夠釋放你員工心靈中最好的部分;差勁的經驗,則會讓他們變得保守退縮,只會使出所需要的最少心力,但求及格。

創新與領導、冒險、關懷都是員工的選擇,如果滋養得宜,就能夠打造出一個高支持度的經驗環境,員工自然樂於參與。要是他們被認為是局外人、混蛋或服勞役者,就決不會興起這樣的念頭。員工需要看到企業的生態系統支持這樣的行為,**然後**他們才會加入其中。

從塑造楷模,到肯定員工的冒險精神,到外面世界的案例,企業可以打造出這樣的一個生態系統,一個能夠啟發員工心中最善美的生態系統。期望員工付出關心或創新,等於是要求他們與公司產生情感連結。這可不是個隨隨便便的請求,公司必須做好回報的準備。雖然情感畫不進公司的派餅圖,它們卻是活蹦亂跳地存在著,問題在於:它們會在你的組織裡活蹦亂跳,還是在別處?員工會想對你許下情感承諾,還是保留下來給外部活動——或留給他們計畫投靠的對手呢?

我們努力壓制情感;但其實我們應該承認情感的存在、準備好迎接它們。

想達到這個目標,企業首先必須了解他們的真實資產,並排出滋養的先後順序。他們必須表現出對情感的誠摯謝意,而不只是忙著算數字、講效率。員工很容易把自己的情感承諾藏起來,因為擔心被嘲弄還不識好人心。企業應對員工表達出這些情感承諾並非例外而是合乎規矩的態度,它們是公司追求的一貫態度。

為了往此邁進,必須跳脫季目標數字的思維,做出支持客戶

行動的抉擇，這是對員工發出客戶真的很重要、且公司忠於自己意向的第一個訊號。這個建立信賴的做法，搭配上真誠的執行步驟，自然會向員工傳遞出一個清晰的訊息：真誠的夥伴關係確實存在、表彰承諾的人勢必會獲得讚賞。正是這種情感上的連結，造就了企業資產的全面釋放。

　　針對績效表現和評量方法做抉擇，需要做些基本面的改變以資配合。客戶不可能變成評量名單上眾多項目中的一環，客戶**就是**名單。就像之前談過的，很多客戶行動都能夠反映出某件事做得很好，採行客戶至上的策略，在財務上也能反映出相當高的價值。企業確保自己正在建立真實關係的管道是改變客戶的行為，而非認知。客戶表彰自己的承諾透過的是行動，而非認知。

　　做評量方法的抉擇，目的在於對自己誠實。它旨在將意向與結果結合在一起，它說的不只是傾聽客戶、並據以做些外表的調整；它說的是純粹從客戶的角度評量你的成功。做這個抉擇需要謙卑與真誠，這可能是最難下的一個決定。

PASSIONATE

第十一章

重大抉擇十

我們多久哺育
我們的產品一次？

PROFITABLE

&

木槌敲在桌上時，觀眾都被最後的價格震住了。這件機首作品最初估價1萬歐元，最後的售價大約50萬美元（約折合45萬歐元）。這件作品並非巴黎拍賣會上唯一一件賣價較原先叫價高出二十倍的物件。然而，最讓人吃驚的是，那些所有權人不敢相信這場慈善拍賣會竟然籌得了超過300萬美元。

法國航空（Air France）和英國航空（British Airways）在這場2003年11月舉行的拍賣會中，都捐出協和客機（Concorde）的部件。這場在協和客機停止營運後舉行的拍賣會目的在於援助地方慈善機構。出乎所有權人意料的是，好幾千人前來參與這項盛會，結果更超乎每個人的預期。有人打趣說，協和拆散的物件比完整的飛機還值錢。法航和英航執行長沒想到的是，那些參與拍賣會（甚至那些沒有與會）的人熱情如此之高。專為協和打造的網站突然出現，提供協和客機迷各式各樣的紀念品。

這樣的熱情和承諾彰顯出一股強烈的跟風，然而，協和不得不停飛的原因乃在於難以創造足夠的營業額以支撐其定期航班。應該怎麼解釋這種不協調的狀況呢？何以一方面熱情的支持者願意花錢買該經驗的部件，另一方面乘客的數量卻銳減？答案就在於兩家航空公司都沒能做好這項重大抉擇。

1970年代初期協和機問世時，確實是個相當吸引人的經驗。它代表了噴射機組、光彩奪目，以及**計畫**前往的目的地。它的科技是劃時代的，突破音速的限制，急遽縮短到紐約的時間，很多人都樂於為這樣的超值經驗花錢。然而隨著時光流逝，環繞在協和機四周的環境已然改變。其他飛機的商務艙和頭等艙都大幅改良，航空業的新科技使得其他飛機的經驗發生變化，新的競爭者如維京航空崛起，改變了豪華與炫目的規則。但協和機的經驗卻幾乎沒變，兩家航空公司決定以與其等值的方式哺育這個產品，

不想對飛機本身和其整體經驗做**任何**重大的改進。

終於，忠心的乘客叛逃至比較新、比較舒適的經驗，導致協和機的乘客愈來愈少，營業額也愈來愈低。雖然航空公司那時決定再做些努力，但為時已晚。他們掉進成功的陷阱，以為能夠一直延續下去，無須再做進一步的投資。這是已臻成功之境的企業非常容易落入的典型陷阱，企圖榨光它所有的價值、極大化它所帶來的營業額和利潤。

在維持經驗的新鮮與時髦上，創新的抉擇和時點非常重要。現今的消費者對於無聊的產品和服務的容忍度可說是前所未見的低，他們不斷尋找新的產品和服務，擁有數不清的選擇。所以，企業必須啟動創新引擎，並縮短創新的時間週期。以是否等值的想法哺育產品的時代已經過去了。

如果你用過惠普（HP）的印表機，一定知道該公司的機型多得數不完──或者至少讓你覺得如此。惠普很早就做出一項策略性決定，不讓其他公司拼裝他們的產品，惠普決定自行拼裝。他們每六個月推出一次新版本，隨即汰換舊版本，使其經驗永遠保有新鮮與時尚。惠普也許沒有賺光他們每一種印表機的最後一分錢（通常是最貴的部分），卻建立起穩固的市場地位，不僅得以採取超額定價，也能從耗材上不斷賺進新錢。該公司的成功，源於它選擇以創新哺育其產品，因為它們的價值可以經歷數年。對惠普而言，創新就是原則、不是例外，是每天在做的事，不是被商品大眾化逼到牆角後不得不做的事。

千篇一律讓人厭煩

一致性是客戶快速流失之道。除非你從事的是垃圾管理業，

否則經過一段時間後，客戶就會被你千篇一律的服務搞煩，尋求刺激的慾望便會興起。如果你提供不了，他們就會往別處發展。

雖然一開始的時候，一致性是必要的，因為如此才能確保符合客戶的期望，但時至今日，一致性在許多產業中的目的已然不同，形同一種效率化的工具。它變成一種降低成本的管道，把所有員工的工作都塞進一個統一的流程，執行時毫無差異化可言，我們有時候稱之為經濟規模。經濟規模的主旨在於商品大眾化我們的服務與經驗，所有的客戶一視同仁，因為我們認為這樣的做法較省錢。這是一種成功企業常常掉進去的陷阱，在策略上做出180度的轉變，回到他們之前援用效率化模型、產生效率化關係吊詭作用時面對過的問題。

當然，假使你的產業苦於缺乏一致性和壞名聲，舉例而言，老是開錯出貨單，那麼一致性其實是你們的當務之急。不過你應該知道，千篇一律在客戶的雷達偵測器上不會被視為一種區隔化因子，自然也無法造就超額價、產品偏好或恆久關係。

刺激是這個遊戲的名字。客戶要的是變化和驚喜，他們不想覺得受困或被吃定，或沒有任何進步——這些都是千篇一律的副產品。「讓我覺得振奮，我就不會想離開。」你的客戶如是說。經驗與酒不同，並非時間愈久愈香醇，它將化成一潭死水。它本該充滿活力的，就像花錢買它、消費它的人一樣。它不生則滅，靜止不動對它而言非常不健康。那麼，企業為何不讓他們的經驗成長茁壯呢？

成功帶來自滿

首先，成功降臨，企業很快就習以為常，並堅信不已。領導

階層認為成功將延續至海枯石爛，畢竟，他們可是奮戰了許久才走到這一步的。一旦成功降臨，他們便失去將他們帶入成功之境的本能企圖心，他們感到安逸，開始認為這條成長曲線會不停延伸下去，他們一心坐擁自己的桂冠。總之，他們犯下了所有他們知道自己不應該犯的錯誤。

⊙擴張再擴張

伴隨成功而來的一個普見錯誤是擴張陷阱。企業不再把焦點放在強化擁有良好關係的客戶身上，反而開始往外部擴張，邁向他們核心競爭利基之外的領域，忽視了忠心的客戶群。他們把灌溉成功的心思和注意力都放在擴張這件事上，現在，每一位主管都忙著新的擴張計畫，沒有人再關心現有的經營。

通常，一個不怕死、沒什麼可損失的新手崛起，會引發業界震撼，動搖自滿心態。另一記警鐘則往往來自於擴張造成的嚴重虧損，迫使企業回頭關心自己的經驗和客戶。先前提過，阿比國民銀行在回到本業前打掉了1000億美元的虧損。

⊙商品大眾化之道

企業通常在成功後，衡量周遭競爭環境時，會認為自己的產業已經達到一種商品大眾化的階段，自然，價格便成為唯一的區隔因子。緊接著，折扣成為吸引客戶注意力的方式。「我們所處的是一個成熟、乏味的市場。」他們如是說。也許是真的，不過它顯示的是領導階層的懶散，而不是客戶的疲乏。經理人變得志得意滿或身心俱疲，寧願少冒點創新的險，刪減成本、降低售價似乎簡單得多，風險也比較容易預估。它同時也是走向滅絕的快車道，不過大多數的領導人都傾向於忽視這個事實。

商品大眾化之道是一種心理狀態，一種產業領導階層不想把企業帶入下一個層次，或者太害怕或不好意思尋求協助的狀態。我從聽到的每一則成熟市場的故事中發現，美國廉價航空公司捷藍航空（JetBlue）、亞馬遜網路書店（Amazon.com）、戴爾（Dell）都踢了他們的產業一腳，他們在別人所謂的成熟市場中創造出一個嶄新的經營模式，改變了既定的規則。

⊙ 再造流程

迪士尼公司（Disney Corporation）近來宣布進行一項米奇老鼠的翻新專案。這隻75歲的老鼠顯然對他的核心客戶群已經不具吸引力。米奇老鼠終其一生幾乎沒變過，對兒童而言似乎魅力不再，因為他不會玩電腦、溜滑板，也不會做今天的孩子們做的事。米奇和他的觀眾群失去聯繫。總歸一句話，他少了**相關性**。就像任何成功者，迪士尼只專注於維持米奇原有的形象，不曾對他進行再造。迪士尼把成功視為一個終點，而非一趟旅程，希望運用現有經驗創造出最多的營業額。於是，效率開始接手。

如今，迪士尼面臨雙重挑戰。其一是再造米奇的需求，打造出與現今兒童相關的經驗。假設他們的策略奏效，仍然必須面對第二個挑戰，也就是克服米奇的取代性，畢竟現在的兒童擁有太多的選擇機會。

一旦企業讓自己的經驗變得千篇一律、乏善可陳，客戶就會轉到其他地方去。他們不會坐在那裡傻等，他們會從其他來源尋找讓自己的腎上腺素發揮作用、感到興奮的方法。等到企業終於明白自己所犯的錯誤時，往往為時已晚。與新對手抗爭以取得成功是一場辛苦的硬仗，不如轉而修正經驗，這才是比較容易上手的任務。而且，把已經投奔至比較帶勁的牧場（對手陣營）的客

戶召回來，不僅困難重重、代價高昂，且往往無功而返。

　　企業必須建立起一個按季檢視經驗的制度，以便從內部、外在評估所有面向，譬如：

- 對手動態
- 客戶偏好與可動用預算之改變
- 科技變化
- 銷售與服務通路之變動

　　在對照所有變動時，必須同時檢視與這些變動連結在一起的機會與挑戰，並回答一系列重要的問題：

- 我們的經驗的相關性如何？
- 上述每一項變動對我們的經驗的意義為何？
- 想讓我們的經驗邁入下一個層次，我們還能做些什麼？
- 假設我們是個沒有包袱或限制的全新業者，我們會怎麼做？

　　每個處於再造過程的企業都必須面對的抉擇是：

- **灌溉**。必須做些小變化，以確保經驗不會變成一潭死水、了無新意，要讓客戶保有新鮮感、相關性。
- **成長**。做出一些變化後，就該邁向下一個階段了。你或許會看到商品大眾化的曙光乍現，部分客戶開始蠢動，盡量降低與你們之間的業務量，開始嘗試其他的選擇。這時，你最好動作快一點，以免叛逃潮一發不可收拾。是邁入下一個帶勁階段的時候了，小小改變已不足以支應，你得端出一道比較新鮮、改良過的經驗，以重新接起客戶和你之間的那條線。
- **再造**。你也許會錯過這個訊號，或者你根本不應該到這個階

段來。它可能是個很大的變動、發生得很快，你根本還來不及回應。是進行重大檢修的時候了，你的經驗似乎與那些核心客戶失去了連結，該是把一種截然不同的經驗擺在他們面前、希望他們回心轉意的時刻了。在此，你或許決定網羅一群不同的客戶，但它同樣需要經驗的修正。無論是哪一種情況，都該戴上你的思考帽子、玩玩你的想像玩具，捏出一個全新的經驗了。

再造過程能夠確保你不至於讓成功沖昏頭，不會讓你輕易陷入安逸的情緒，以為客戶永遠會陪在你左右、成功也是永恆的。你必須維持受迫害妄想的警覺，以免讓成功溜走。成功不是終點站，而是一趟旅程的開始。記得，當你攀登成功之峰時，你也樹立了一些對你的成功虎視眈眈、希望分一杯羹的新競爭者。在成功階段，你的受迫害妄想程度必須拉高到紅色警戒。

舉例而言，香脆甜甜圈必須思考大家對碳水化合物愈來愈在意的問題，該公司得想想該如何迎合客戶飲食習慣的改變，這種客戶改變的情況是必須讓經驗保有相關性的一個例子。

今天，選擇和價格的多樣性更勝以往；客戶現在是坐在駕駛座上，他們可以隨時把你踢出車外，速度之快超乎你的想像，讓你的投資既高昂又使不上力。為了保護你的投資，請確保別讓經驗變得淡而無味。

創新羅盤：遠觀與近觀

時至今日，已到了光是與客戶產生連結已經不夠的時代。客戶會以他們局限的實用觀點，提供有限的想法與意見。他們會把

你的產品和對手相較，然後提出改進建議。他們或許能彰顯出一種急就章式的需求，卻絕對不會把自己拉到框架之外、站在制高點替你著想，在跨越現狀和創新上，他們缺乏遠見或知識深度。事實上，客戶能夠協助企業做些附加性的改良，卻做不到關鍵性的創新。

太過倚賴客戶提供的意見以做改善可能會變成一個陷阱。這個**近觀**陷阱會扭曲你從更高的角度觀察的視野，你會為了修正客戶在乎的近觀議題而被困住，以致錯過了打造**遠觀**經驗的機會。而在你忙於做那些附加功課、希望能使客戶滿意的同時，你的對手正跨出一大步，催生一個全新刺激的遠觀經驗。

企業必須學會如何管理他們的創新羅盤。他們必須看懂近觀與遠觀兩個面向，並且在兩者之間取得穩健的平衡，以確保提供的不會只是符合客戶期望的部分，還能夠想到下一個他們希望注入這段關係中的遠觀經驗。下一個遠觀經驗絕對能讓客戶覺得他們非常創新，重視對未來的投資，在乎關係的長久，而不只是著眼於近利。

圖11.1的創新羅盤讓你得以評估自己的狀態是處於哪一個象限。新手和客戶的關係很淺，想像的是目前還不存在的事，因此會專注於遠觀經驗的過程。許多產品，從休旅車到隨身聽，都不是來自於客戶的想像，事實上反而是他們當初認為沒必要的東西，只不過後來接受了這些創新，並引起熱烈回響。新力2004年時舉行了隨身聽誕生25週年慶祝會；這項產品當時其實遭到客戶焦點族群的否決，但在新力堅定的信念下，為其開闢了一個全新的市場，問世25年來狂銷了3億部。

處於遠觀階段，你據以行事的資訊和擔保都相對有限，風險則相對較高——所以潛在的回報也較高。

圖11.1 創新羅盤

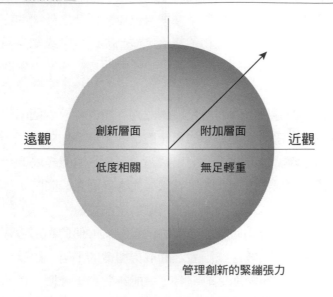

遠觀　　　　創新層面　　　附加層面　　　近觀

　　　　　　低度相關　　　無足輕重

管理創新的緊繃張力

　　處於近觀階段，你做的是一些附加的細部修正，傾聽客戶的聲音，然後做些改進。這個過程所擁有的資訊充足、擔保程度也高，因為我們和客戶之間有很密切的互動，雖然風險較低，相對的回報往往也較低。我們所做的附加改良難以促動企業經營上的重大進展；相反地，它們只能保有目前與客戶往來的業務密度，在營業額上只能創造出雞毛蒜皮的貢獻。

　　處於近觀層次以下的企業會關上傾聽客戶的耳朵，他們會把重心放在自己錙銖算計成本的運作模式。他們通常會沉淪至無足輕重象限，他們與客戶失聯、也無法創造出下一個遠觀經驗，因而全力邁向商品大眾化，促使自己在市場中的角色逐漸式微、競爭利基日益萎縮。多數公司都不認為自己處於這個階段，但專注成本與效率而非客戶的做法，卻讓他們沉淪至此象限的速度之快

超乎自己的想像與認知。他們往往在某天醒來時才發現自己已經無足輕重，他們之前都在幹嘛呢？忙著削減成本而非研發。

從無足輕重階段，幾乎無庸置疑地必將走入低度相關象限。很少公司能夠成功地再爬回近觀或遠觀階段，雖然不無可能，但需要巨大的改變，包括思維和執行兩方面——往往是大多數領導階層沒勇氣推展的改變。他們寧願否認現實，致力於捍衛自己的地位，這種做法無異於將最後一根釘子釘上他們的棺材。他們變得關連性愈來愈低，處於這種階段的企業的產品在折扣商店會因成本掛帥而提升其邊際地位。不過，他們得到了他們想要的，卻付出很高的代價，因為他們只講效率，與他們的客戶已完全搭不上邊。

⊙在創造遠觀時注入近觀效益

客戶至上的成功企業，往往深諳優游於近觀與遠觀的均衡之道。他們經常關心經驗在這兩個面向的發展：附加和創新。他們不會讓成功蒙蔽自己的雙眼，因為他們了解成功會導致更多的關注、帶來更高的風險。他們不會光坐擁自己的桂冠，反而會比以往更仔細地檢視他們所傳遞的經驗，而且會更提高警覺，以避免自己與客戶失聯。

他們不會吃定客戶，還會許下更努力的承諾以確保成功不會從手上溜走。某種層次來說，他們一直都處於戀愛狀態，不曾把結婚當做終點站，反而視之為一個需要天天經營才能有所回報的任務。他們日復一日贏得客戶的忠誠度，一次打造一個經驗。他們兌現自己的承諾，傾聽並依據客戶的建議而行，然後再回到黑板前，尋找超越附加層次的遠觀意見。他們必須讓自己時時刻刻保有相關性——而創新則是通往該境界之路。

PASSIONATE

第十二章

最後抉擇

客戶策略
——一生的共同承諾

PROFITABLE

&

前　面幾章我們已經談過十個抉擇，現在進入最後抉擇：建立長期、共同的關係——不是以短期每一季的回報做評估的關係，而是一種長遠、有利可圖的連結。

這聽起來像是大家都明白的道理，為什麼還把它列為一項抉擇？就像我們之前談過的其他抉擇一樣，它表面上看起來像個白癡議題，不過一旦我們檢視營運和策略面向，評估過相關的結果和代價後，往往會想放棄這項計畫。所以，我們把它放進這張長長的、不見天日的抉擇名單中。

如**表12.1**所示，做客戶至上的抉擇代表了多重抉擇，以及以不同的方式經營企業。從人員雇用到經驗傳遞、薪資方案和訓練，客戶至上企業與產品至上企業截然不同。這些抉擇中的每一項都是你究竟採取什麼方式經營企業的明證。表12.1顯示其間的差異遠遠超越語意與宣言層次，最主要是在營運上的差異，促使

表12.1　將差異視覺化

產品本位企業	功能	經驗本位企業
服從、循規蹈矩者	招聘	授權、擁有常識者
程序、規則、核准流程	訓練與工具	原則、案例、商業判斷
遵循規則	績效評估	突破常規
品牌發展、自我中心、知名度、曝光度	行銷焦點	經驗中心、打造一個客戶經驗
招攬客戶、銷售產品，「賣了就跑」	業務焦點	提供一個經驗、銷售關係，「賣了就待著」
銷售量和規則遵循度	薪資制度	超越客戶期望，客戶長壽
可有可無。什麼經驗？	客戶經驗	所有行動的核心
有工作就該偷笑了	員工經驗	身負重任

企業與客戶之間得以建立起穩固、更具熱情且有利可圖的關係。這些營運差異區隔出贏家和夢想家。把絕佳意向轉化為行動的能力以及驅動根本改變的勇氣，是想變成真正的客戶至上、從客戶的角度經營企業者必備的武器。

停止說、開始做

幾年來，我們一直在尋找成功的客戶關係的正確配方。我們聆聽大師的教誨、買書回家讀；我們為麗池卡爾登飯店的服務承諾而著迷，我們嫉妒西南航空員工能在如此有趣的環境中工作，我們私底下甚至還幻想自己該如何改變我們現有的工作場所。我們渴望星巴克的客戶承諾，趕著去買一杯自製咖啡，譬如巨無霸焦糖瑪其朵，只是為了**品味**那棒透了的客戶承諾。迪士尼和那個電腦特效小組的故事啟發了我們，我們準備好要為客戶把世界搞翻過來。不過我們並沒有。

哪裡出了問題？為什麼我們不斷參加各種此類會議、聆聽所有的演講、急著消化所有的故事，卻還是一事無成？我們有許多的財務或數據佐證，顯示我們有能力提供給客戶更好的承諾，為何還是什麼事都沒改變？因為我們光看，不做。

我會說是因為表面上有更重要的議題阻礙了我們的行動。並非缺乏知識或案例，其他公司早在我們之前就冒險跳進了這灘冷水。這些先驅企業犯了一些錯，於是開始調整方法，這些方法得以協助我們避免犯下其中某些錯誤，他們的收穫也相當豐碩。不過，我們還是只做壁上觀。

我們不做的原因林林總總（並非沒有好的想法）。行動需要認知、接受以下這些問題：

- **害怕改變**。我們很多人對系統就照目前這樣運作下去覺得很安心。改變往往帶有威脅性，會造成內部抗拒。雖然靈感多多，但我們就是沒辦法聚集足夠的力量把我們的想法真正變成行動。我們自認為的內部障礙似乎比我們自認為的執行能力還要高。

- **被判出局**。我們不想讓改變真的在我們的組織內發生，因為怕失敗、怕被嘲笑。我們以前試過，我們看過許多人因為採用新想法而不著痕跡或狼狽不堪地出了局。「這不是我們做事情的方法」成了標準答案，因此，我們告訴**自己**何以某個想法行不通，我們**肯定**即刻被判出局，這嚇死我們了。

- **規模議題**。我們通常認為執行的挑戰太大、風險也太高。「我在公司職位太低／人微言輕，不足以推動此事，這是執行長的工作。」我們如此自我安慰，眼睜睜讓本週最佳故事的主題就此消失。事實上，我們與自己希望的一樣渺小。

- **偽裝謙卑**。「反正也不會有人理我。」我們往往這麼說服自己。我們對謙遜這項美德的接受度（雖然只是暫時）高得令人訝異，我們在開車回家的路上不斷灌輸自己這個訊息，總之我們不是適合扛起這種挑戰的人。我們不是那種能夠改變世界的英雄人物，我們可不是用傳奇材料打造出來的人。

- **太大／太官僚／太這個那個**。我們堅信，我們的組織根本不適合這樣的改變。「客戶的個人化議題只適合規模小、彈性大的公司。」我們寧可如此認為。我們再度找到我們拒絕在大公司裡做任何改變的理由。

老實說，這些說法或多或少都帶有點真實性，卻不足以掩蓋根本就是藉口的事實，雖然**我們**絕對不會接受這樣的指控。該是

結束壁上觀的時候了。我很喜歡的一句話是：「從來沒有人豎立過一座向承諾致敬的雕像。」滿懷勇氣和信念的個人**促成**了大多數人的改變。所以，這是你不得不做的抉擇，沒人能幫你做，你可以選擇擁抱挑戰，或把它留給其他人。你最不想看到的事情就是某個對手決定成為那個促成大多數人改變並歡喜收割的人。停止說、開始做。你知道這是件該做的正確的事，你知道它對公司會產生正面影響，你知道它是件你會樂在其中的事。它源於你內心深處的熱情，別光盯著自己的熱情，要讓它發光。

全視野打造成功的客戶策略

為了讓它發光，首先，你心中得有個清晰的影像。你必須能夠看到客戶在經驗你新設計的經驗時臉上的笑容和驚喜，你必須想像一個透明的分類過程，聚焦於正確的客戶，放棄那些不適合你的客群。

同時，對付出的心力，你得訂出清楚的財務評量方法。改變不是免費的，改變流程、教育員工、購買工具，都需要投資，你應該知道自己何以要做這些努力，並將其記錄下來。我們之前說過，有許多的財務動力足以評量客戶策略適當與否，因此你應該打造一個客製化方案，並做好評量與執行的準備。如果做得好，你很可能會超越客戶預期，看到客戶用忠誠與新業務環抱你。

它無論如何就是一項策略——分毫不差。舉著專案或企畫案大旗的企業，非常可能會加入失敗的陣營。客戶疑心病之重前所未見，不會再輕易受騙上當，所以你必須做好提供完整承諾的準備，要不然就乾脆別費任何神了。別想偷工減料，否則很可能偷雞不著蝕把米，客戶過去不好的經歷會導致更深的怨懟，尤其當

你重複你的同業過度承諾、無法兌現的錯誤時。

看看整張藍圖，包括你必須承諾的所有抉擇，確定他們背後有一個規畫周詳的執行方案。為了成功完成計畫，你得知道該割捨什麼。把所有必須改變的部分詳列出來，要接受為了迎接新的必須放手某些舊的，如果你想把客戶策略放在舊有的效率化模型上，肯定會步上失敗之路。

組織內部的承諾

讓事情發生或改變世界需要有勇氣的英雄，但執行一項改變計畫卻得整個組織動起來。必須避免密室結構、階級本位的組織的缺失，讓整個組織的人員都負起執行流程的責任。

想讓你的策略有效運作，就必須得到組織全體的承諾。

企業的每個部門都必須清楚自己在客戶經驗中扮演的角色，並對其負責；每個人的績效評量與薪資方案，都應該以他們自己的部分以及整體的客戶行動目標為基礎。把策略和績效評量與薪資方案綁在一起，是清楚傳遞貫徹策略訊息的一個方法，能夠鼓勵員工配合進行其間需要的改變。他們起初或許老大不情願，對這項新策略的重要性與認真度心存懷疑，但你必須展現給他們看你是玩真的。別光在內部電子郵件與T恤上做表面文章，把你的策略紮紮實實轉化成企業的實際運作，確保員工不能、也不會迴避它。

透過美好經驗改變成規

客戶經驗不只是對客戶好就夠了，它指的是關愛客戶，並且

在這個過程中賺到錢──賺**大**錢。它代表的不只是額外增加些東西，而是一種龐大的差異。

絕佳的經驗會促使產業規則隨之改變，讓你得以鶴立雞群。當大家都把焦點放在效率化交易之際，你卻將情感和願望加諸客戶的身上，透過強而有力的經驗創造出和他們之間的深度連結。這就是打破成規的方式。嘗試一些新鮮事，並為其索取更高的價碼。

所以，停止追隨眾人的腳步。遵循市場趨勢無異於遵循別人的行事曆，這麼做的可能性是，你完成了別人的計畫，卻無福消受領導廠商留給你的那些無利可圖的殘渣。

我萬萬沒有想到竟然會在最近上了一堂這樣的課。我在雷根機場（Reagan Airport）降落之後，一輛SUV計程車來接我。司機，也是計程車車主，在乘客座位上裝置了按摩設備，這項按摩服務免費提供給所有乘客使用，乘客可以自行選擇按摩的方式和力道。免費提供這項服務的司機，樂於看到客人樂在其中。他了解客戶經驗，非常清楚剛下飛機趕著去參加會議的人肯定頸部僵硬、背部疼痛，如果你想在那重要會議上看起來容光煥發，勢必得趕緊驅走這些痛楚與不適，但時間卻如此緊迫，所以你只好任由它們繼續折磨你、讓你無從專心。我們的馬殺雞計程車司機決定改變這個規則，讓他的價值在客戶經驗中發揮。他既未遵循滿街大眾化計程車司機的規範，也沒有閱讀產業期刊，上面會教他如何從客戶身上榨出更多的錢。他只是把自己放在客戶的角度設身處地想像那個經驗，結果就決定這麼做了。

無庸置疑，我用了那個設備，十分享受，還給了他一筆可觀的小費。因為它值得，他令我驚豔，而且取悅了我──還解決了一個確實存在的問題，我願意為了這個多付點錢。他非常聰明，

沒有在那新式的按摩設備上貼價錢,而是免費提供這項經驗。要是有價格,大多數的乘客都會選擇不使用這套設備。他這麼做的結果,每個人都會使用,無一例外,司機如是說。至於付錢時,他們給的小費都超出他對於一次按摩服務的想像。在乘客眼中,其價值非凡,因為隨之而來的是一次絕佳的經驗,所以決不會付出一種不上不下的價錢。

當我問他待會兒是否能夠載我回機場時,他說他下午的行程已經排滿了,我一點都不意外。開創新經驗的破除成規者,往往不免「苦於」需求量大和生意興隆。

做你自己的領導人。透過經驗,你能夠改變成規,許多人正引頸期盼你這麼做。你走出自己的道路,迫使對手必須追隨你的腳步。如果你做好份內的事,不因成功而沾沾自喜(你的對手搜索枯腸,想搞清楚你是如何破除成規、又是如何將新規則融入其中的),那麼你勢必會不停忙著創造許多更新的規則。

這是最後的抉擇:你可以選擇透過強力、獨特、個人化的經驗做個領導人,讓秉持效率化模型的人起而追隨你;或者走一條完全不同的路——如果你下錯決定,就很可能走上這條路。

經驗建立起難以撼動的市場領導地位

許多企業都擔心自己的市場領導地位,但客戶經驗能夠為領導地位提供一個獨特的平台——透過客戶承諾和忠誠度,客戶的價值應視為市場領導地位的保護牆。習於傳統評量方法的新聞界和分析師,會驚訝地發現一種截然不同的模型,能夠促使每位客戶付出更多、更久的貢獻。企業得以彰顯的另一些價值提升的因素還包括客戶流失率降低、轉介率增加。

馬克・班紐夫（Mark Benioff）成立的Salesforce.com業務人力公司，在當時是一項破除成規的創舉。當產業中的其他人傾力銷售業務機器人軟體時，他卻把它當做一項服務來提供，最低收費為每人每月65美元。這個全新的企業經營模型改變了市場的規則。班紐夫深知破除成規不只是件公諸媒體就大功告成的事，他趁勢推出一個全方位溝通活動，大部分以游擊行銷戰術為主，譬如在對手的用戶說明會中站哨，對用戶遞出**無須軟體**的訊息。

班紐夫毫不留情的奮戰得到回報，不僅Salesforce.com生意興隆，讓財星500大企業成為他的客戶，而且迫使他最大的競爭對手Siebel不得不與IBM聯手推出一個類似的服務。今天，把軟體當做一種服務已是該產業習以為常的慣例，但班紐夫建立起了一個難以撼動的地位，並引領該公司在2004年6月成功上市。破除成規是會獲得回報的，它讓對手在毫無防備的情況下被俘，讓他們來不及準備，眼睜睜看著Salesforce.com崛起；與此同時，其他人卻忙得天翻地覆地想弄清楚到底發生了什麼事，以及究竟怎麼辦到的。

客戶經驗的主旨在於創造一個獨一無二、難以匹敵的市場地位，讓你成為同業豔羨的對象。它把你帶回你夢寐以求的領導地位，對此領導地位下定義者，正是你最重要的資產（如果你做了對的抉擇的話）：客戶。

員工經驗：客戶經驗的催化劑

在你尋求你策略的配方時，千萬不要犯下典型的錯誤，只把焦點對準你面對的挑戰的一半（客戶）。值此產品與服務商品大眾化日益氾濫之際，員工也是你競爭利基的一環，他們以個人與

人際接觸來刻畫經驗，這種接觸是促動穩固承諾與關係的源頭。

沒把員工經驗放在心上，猶如在策略起步時踏錯了腳。就像西南航空老說的：「我們的客戶不是第一順位。」員工才是第一順位，客戶排第二。你的員工是你透過創新持續成長，以及與客戶建立起更長久、更有利可圖關係的關鍵。

所以，設計、執行一個讓員工願意獻出最好、付出更多的美好經驗吧！你怎麼知道自己是否已經達到那樣的境界？不妨看看你刊出事求人啟事時的應徵者人數。你的員工經驗愈穩固，每一回來應徵的人就愈多，好事傳千里，你一定能夠吸引到你一直在尋找的那種人才。

員工美好經驗的來源不在於金錢，而是任務。是承諾使其有所不同。要是所有公司都照著他們的行銷口號來做，世界肯定大不同。問題就在於這些振奮人心的標語，大部分描寫的都是期望中的承諾，一旦面對內部強大的現實壓力，很快就被公司冷嘲熱諷的舊有機制給毀了。改變這些機制、改變那強大的現實壓力，你才能通往成功。

為了實現這項改變，你必須做一個棘手的抉擇：把人放在科技、效率之上。你得認可此信念、將你的企業設計成足以反映此信念的組織，並善用你最寶貴的資產——員工。成功之鑰並非宣言，而在於營運規畫和執行。員工評判你時，是看你做什麼，而不是你說什麼。無論如何，通往利潤、營收和效益的道路都必須經過客戶經驗；而通往客戶經驗的道路，則須經過員工經驗。

永不止息的約會

人際關係的成功之鑰是不要吃定別人——不要就此打住，而

應持續讓他們覺得驚喜，展現出你不斷更新的承諾。大多數的關係都會經歷高低潮，不過存活下來的關係都是源於雙方明白約會遊戲不會就此玩完者。婚姻代表的不是終點，而是起點；承諾並非意指追求過程告終，即使算得上告終，也是表示將往更高的層次邁進。夥伴需要再度確保自己做的是對的決定，他們需要不時被提醒，無論外面發生什麼事，他們都是和對的人處於一種對的關係中。更穩固的承諾與關係，往往需要用更大的心力維護。

　　同樣的邏輯也適用於企業。銷售不代表結束，公司千萬不要自認為客戶已被「攻陷」或已然入甕，視客戶為一個終點的想法必須轉變成視客戶為一段旅程。這麼做需要規畫，也要了解從現在起的兩年或三年時間，我們希望這段關係為彼此帶來什麼，它所需的藍圖遠非首次銷售所能及。

　　當企業把擔保和保證限制在短期時，往往會出現只要搞定銷售就把目標轉往下一個客戶的行為。他們的作風猶如婚姻是終點而非起點，關於他們對這段關係的期望，他們很清楚地對客戶傳遞出一個訊息：短期、快速、有利可圖，然後就請自生自滅。

　　聰明的企業會設計一種讓銷售永不終止的機制。他們不會在客戶一在信用卡帳單上簽名之後，就放棄了自己的產品；他們的產品不會在不熟悉的父母手中變成孤兒，他們會繼續對自己的產品負責，而且會確認客戶是否善待它。他們這麼做是因為這樣比較符合財務原則。要是他們的產品交到正確客戶的手中，就代表他們在客戶上做了對的選擇，那麼，他們提供的任何支援都很有可能造就下一次的業務機會。這是他們籌畫好與客戶發展長久關係中的一部分：銷售之後依然負責、且出了問題也一樣負責的態度，使企業得以不斷擴展與客戶的經驗。透過將經驗擴展至銷售之後，使企業得以擴展他們的關係以及潛在業務機會。

　　聰明的企業不會把銷售當做為下一季目標記上一筆的活動，而會視之為關係的起始點。他們認為銷售結束後的作為更要緊，因為客戶需要確保自己做了正確的選擇，他們在購買時所做的初步承諾，與他們考慮過卻沒有買的其他產品形成對比，全部會浮現腦海。售後經驗以及客戶對話的宗旨，都在於提供再次保證，讓客戶對自己的選擇放心。一旦覺得安心，他們就會準備好擔綱你為他們所規畫的角色，譬如推薦、轉介、升級或提供意見。

　　客戶至上企業明白追求階段永遠沒有結束的一天。事實上，首次銷售之後反而更令人戰戰兢兢。現在，你得兌現所有許下的諾言，如此方能建立起一段超越不經心的一夜情的關係。許多此類企業都認為，聚焦客戶不是關乎程度的事，而是關乎生存的事。你不可能懷55%的孕或談34%的戀愛，你要不是正在談戀愛就是沒在談戀愛，這是種100%的承諾。這不僅是某人或某個部門的承諾，很多公司的失敗都是因為在這個點上出了錯。它不是個一次性的專案，它是一種生活方式。它是你的DNA，引導你的日常運作和執行。它是你每天必須下的上千個和業務、服務與會計人員有關的決定的指導原則，每一天，透過這些決定，他們會選擇支持客戶或反對客戶。抉擇，就在你的手中。

PASSIONATE

附 錄

&

致明智客戶的
一封公開信

PROFITABLE

親愛的客戶：

　　是檢討你的現狀的時候了。你不喜歡目前你的廠商對待你的方式，你根本不記得上次你有個問題希望找到合理的答案而打電話給廠商時，他們沒讓你等超過15分鐘究竟是什麼時候的事。產品品質變差，你覺得自己被坑了，因為也沒有太多的選擇。每個人的情況都差不多。「到底那些好產品、好服務都跑到哪裡去了？」你問自己。優良服務和令人振奮的產品怎麼了？為什麼它們全部看起來都像是原有產品的營養不良版本？似乎品質和服務不再是時髦玩意兒了。仔細想想，它們退流行其實已經有好一陣子了。

　　這些感覺確實隱含不少事實──不過壞消息是，你自己的作為促使情況日益惡化。就像所有的關係一樣，兩個人才跳得來探戈。而你，這個做為客戶的人，停止了舞步。你被日常的低價所吸引，不斷追逐最後折扣的一毛錢，導致你的廠商陷入困境。你追求永無止境的更低價機會，樂此不疲，而今，你開始懷疑為什麼服務和品質不見了。你做了選擇，決心奉行價格策略，如今卻開始想為什麼你在這段關係中的夥伴，也就是那些公司，無法繼續提供高品質與令人驚豔的服務。就許多方面而言，是你迫使那些公司降低品質的，因為他們需要符合你對更低價格的期望。這是他們的生存模式，他們非得這麼做才有辦法活下去。你的折扣癮是必須付出代價的，你總不會認為自己可以毫無條件地享有折扣吧？提供你那樣的價格，伴隨的是較低的品質、較少的分量，關懷不復存在、服務冷漠以對。這些都是廠商為了趕上你不斷發現的新低價而必須負擔的代價。

　　你在不斷追尋、支持低價的同時，也背叛了你的夥伴，你把夥伴關係變成只以價格為主。在這樣的情況下，你的夥伴，那些

公司，為了贏得你的注意力，每一次都得付出更高的成本，一而再、再而三。如果你的忠誠度夠高，公司就能夠降低他們吸引客戶的成本，並將其運用在提供給你更高的價值上。如今，由於並無忠誠度可言，導致他們每天都必須努力引起你的注意，這種努力是有代價的。就某種層次而言，你正在償付自己缺乏忠誠度的代價，擁有的價值愈來愈低。

雖然不能說這樣的企業—客戶關係問題都是你的錯，但你應該明白自己確實得負部分責任。要是你將所有的價值視為理所當然，除了最最起碼的最低價格外拒絕再多付出一些，價值和品質的下滑勢必永無止境。與最最起碼的最低價格相對應，那麼你所得到的自然也就是最最起碼的最低服務。非常簡單的關係自然法則，這就是所謂的回報，或正如古諺所云：「種瓜得瓜，種豆得豆。」你總不會以為自己能夠迴避這個邏輯吧？

那麼，現在該怎麼辦？你得做個決定。就像你的夥伴面對許多棘手的抉擇一樣。企業為了生存與發展，必須仔細選擇他們的客戶，捨棄那些折扣狂。折扣狂注定收到的是低得可以的價值，因為這樣才能與他們戒不掉的嗜食更低價習慣相匹配。他們會自以為自己能夠迴避那個邏輯，但事實上，他們接收到的價值只會愈來愈低。

你的抉擇是：你想成為什麼樣的客戶？你可以選擇購買價值或購買價格；不過當然，你無法魚與熊掌兼得（而且我也不在乎那些折扣商店對你提出什麼樣的保證）。假使你追求的是廠商提供的價值和卓越經驗，你勢必無法持續活躍於每一種舞台。想要創新、品質、令人振奮的產品、傑出、許諾的服務以及美好的經驗，你就得付出代價。要是你願意放棄所有這些元素，那麼請儘管秉持價格策略，繼續購買那些最便宜的產品，別管品牌。在這

麼做的同時，別忘了降低自己的期望，萬一你的電話被擺了25分鐘才等到一個冷漠無情的人回答你的問題時，千萬別生氣。這是你自己做的選擇。

聰明的客戶會認真抉擇。他們懂得分辨什麼樣的產品和服務對他們而言很重要，何者無關緊要；什麼樣的產品價值高，何者一無是處。對那些高價值的產品，他們會克制自己的折扣癮（我知道很難，要克制任何癮頭都很難──某些人甚至連在零售商店購物都會覺得像犯了罪似的）。他們會與供應廠商建立起一段真實、長久的連結關係，他們會一直待下來，和企業發展出長遠的關係，讓企業覺得對他們的投資是值得的。雖然外在引誘眾多，但是他們會奮力抵抗，不會在首度於區域賣場和最近的商店看到一則更低價的廣告商品就立刻叛逃。他們會省下逛那些商店的時間，只有在買一些他們覺得無關緊要、毫無價值可言的產品時才出現；他們願意接受那些產品和服務低價值、低品質的原貌，他們對那些產品的期望也會隨之降低。

對每一位客戶來說，要找到高價值與無價值產品之間的平衡點或許不易，不過，依舊得做出選擇。一個人不可能對無價值的產品持續援用高期望、高價值的思維，這是導致今天許多身為客戶的人覺得沮喪的關鍵因素。

尋求高價值、且願意為此付出的客戶，此時正是開始奮力一擊的時刻。這些客戶因為擁有較穩固的地位、付出較高的價格、停留的時間較久、回購比例較高，因而享有他們的夥伴公司相對重視的發言權。他們應在未來的產品和服務上扮演更主動積極的角色，他們不能對提出的意見置之不理，反而應當主動參與產品的發展。

然而，假使企業不願對等回報，穩固、長久的關係將無以為

繼，自然就不在話下了。因此，客戶也會仔細篩選他們的夥伴。不過就企業的角度而言，他們已厭倦了那永無休止的折扣遊戲，現在尋求的是真正的夥伴，那些他們得以對其提供高附加價值、創新產品，而不只是原有產品的營養不良版本的客戶。

打造一段不同關係的時刻已來到，是拋棄一廂情願的想法，回歸現實的時候了。你要不就是追隨自己心中的期望，要不就是堅持價格至上策略。每一種關係對提供經驗的企業而言都必須是有利可圖的，否則勢必得走上關門之路。除了你，沒有別人會為你負擔起你的產品價值的代價，所以你得下決定：一是做好發展一段實質關係的準備，二是繼續抱著你的折扣癮。你，也有抉擇得做。

P.S. 關係旨在於對等回報。要是你在乎的是面帶微笑的服務，請先想想微笑。散播微笑，那麼你得到微笑以報的機會就非常大。這是件與人相關的事，你先這麼做了，很神奇的是，別人也會這麼做以為回應。

國家圖書館出版品預行編目資料

客戶策略完全成功手冊：不能不知的十大致命迷思
與十大關鍵抉擇／Lior Arussy著；劉麗真譯. – –
初版. – – 臺北市：臉譜，城邦文化出版：家庭傳
媒城邦分公司發行，2008.09
面；　公分. – –（企畫叢書；FP2182）
譯自：Passionate and Profitable：Why Customer
　　　　Strategies Fall and Ten Steps to Do Them Right
ISBN　978-986-6739-81-1（平裝）

1. 顧客關係管理　　2. 顧客服務　　3. 決策管理
4. 顧客滿意度

496.5　　　　　　　　　　　　　　　　97016135